SpringerWienNewYork

Werner Mack
Peter Lugner
Manfred Plöchl

Angewandte Mechanik

Aufgaben und Lösungen aus Statik und Festigkeitslehre

SpringerWienNewYork

o. Univ.-Prof. Dr. Peter Lugner
ao. Univ.-Prof. Dr. Werner Mack
Univ.-Ass. Dr. Manfred Plöchl

Institut für Mechanik, Technische Universität Wien,
Abteilung Angewandte Mechanik, Wien, Österreich

© 2006 Springer-Verlag /Wien · Printed in Austria
Springer Wien New York ist ein Unternehmen von
Springer Science+Business Media
springer.at

Satz: Reproduktionsfertige Vorlage der Autoren
Druck: Berger GmbH, 3580 Horn, Österreich

Gedruckt auf säurefreiem, chlorfrei gebleichtem Papier – TCF

Mit 129 Abbildungen
SPIN: 11419211

Bibliografische Information der Deutschen Bibliothek
Die Deutsche Bibliothek verzeichnet diese Publikation in der Deutschen Nationalbibliografie,
detaillierte bibliografische Daten sind im Internet über
http://dnb.ddb.de abrufbar.

ISBN-10 3-211-25672-5 Springer Wien New York
ISBN-13 978-3-211-25672-5 Springer Wien New York

Vorwort

Zu einem guten Teil ist das vorliegende Buch aus den Abschnitten über Statik und Elasto-Statik der bewährten Sammlung von Aufgaben und Lösungen von P. Lugner, K. Desoyer und A. Novak: „Technische Mechanik. Aufgaben und Lösungen", 4., verb. Aufl. Wien New York: Springer 1992 hervorgegangen. Jenes Buch hat vielen Jahrgängen von Studierenden vorzügliche Hilfe bei der Prüfungsvorbereitung geleistet, eine nochmalige, allenfalls geringfügig verbesserte Neuauflage des 1976 entstandenen Bandes erschien aber wegen der in einigen Punkten nicht mehr ganz zeitgemäßen Inhalte – wie etwa Cremonaplänen oder graphischer Biegemomentenermittlung in Trägern – sowie wegen des insgesamt überarbeitungsbedürftigen Erscheinungsbildes nicht zweckmäßig.

Bei der Abfassung des neuen Buchs wurden nun wie erwähnt zwar viele Beispiele aus der Vorgängersammlung aufgenommen, diese jedoch von der Art der Präsentation der Lösungen her vollständig neukonzipiert und durch etliche neue Beispiele ergänzt; dies war weiters mit einer grundlegenden Überarbeitung der graphischen Gestaltung verbunden. Deshalb erschien es gerechtfertigt, den vorliegenden Band auch unter einem anderen Titel erscheinen zu lassen.

Zum enthaltenen Stoff zählen Statik einschließlich Haften und Gleiten, Flächen- und Massenträgheitsmomente sowie die Festigkeitslehre des geraden Stabs. Dies entspricht dem Inhalt der Grundlagenvorlesung aus Mechanik für Studierende des Maschinenwesens und der Betriebswissenschaften des ersten Semesters an der Technischen Universität Wien.

Die Gesamtzahl von vierzig Beispielen zur Abdeckung der behandelten Kapitel mag vielleicht manchem im Vergleich zu voluminösen Sammlungen mit mehreren hundert Aufgaben, die aus Angaben und knappen Lösungen bestehen, relativ gering erscheinen. Die in jahrzehntelanger Lehrerfahrung gewonnene Überzeugung der Autoren ist es jedoch, daß man Vertrautheit mit dem Stoff und Sicherheit im Umgang mit der Anwendung der Grundlagen der Mechanik auf konkrete Probleme nicht durch eine Unzahl von Beispielen erwirbt, sondern durch eingehende Beschäftigung mit wenigen ausgewählten Aufgabenstellungen: Es ist essentiell, sich bei jedem Lösungsschritt zu fragen, ob er mit den Grundgesetzen vereinbar ist und ob er notwendig ist oder Alternativen bestehen. Aus diesem Grund wurde auf eine ausführliche und sorgfältige Begründung der Vorgehensweisen bei den Lösungen besonderer Wert gelegt, und es finden sich zusätzlich an vielen Stellen Bemerkungen, die beispielsweise auf mögliche Irrtümer hinweisen, alternative Lösungswege aufzeigen oder auf über die reine Beantwortung der gestellten Frage hinausgehende Interpretationsmöglichkeiten eines Ergebnisses eingehen. Um das ständige Nachschlagen in Vorlesungsskripten oder einschlägigen Lehrbüchern dem Leser oder der Leserin zu ersparen, ist am Ende des Buchs auch eine Zusammenstellung der wichtigsten benötigten Grundlagen sowie Formeln angefügt.

Wenngleich somit die Grenzen zum Lehrbuch an manchen Stellen vielleicht weniger scharf sein mögen als in vielen anderen Aufgaben- und Lösungssammlungen, so sei doch betont, daß das vorliegende Buch keinesfalls ein Lehrbuch ersetzen kann und will. Das vorangehende Studium der Grundlagen der Mechanik mittels eines solchen oder eines entsprechenden Vorlesungsskriptums ist vielmehr unumgängliche Voraussetzung für sinnvolles Arbeiten mit dieser Beispielsammlung.

Um die Grundlagen und elementaren Formeln anhand der behandelten Beispiele möglichst gut einzuüben, haben die Autoren nicht nur alle wichtigen Zwischenschritte aufgenommen, sondern sie auch in möglichst einprägsamer Form angeschrieben. Deshalb wurden etwa nicht alle Gleichungen in die mathematisch kürzestmögliche Form gebracht, und auch manche im strengen Sinn überflüssige Klammer findet sich dort, wo es der Übersichtlichkeit halber zweckmäßig erschien. Gleichfalls vor allem aus didaktischen Gründen wurde in das vorliegende Buch im Abschnitt über Statik eine gewisse Anzahl von graphisch zu lösenden Aufgaben aufgenommen. Verdienen die meisten komplizierten graphischen Methoden früherer Jahrzehnte heute wohl nur noch wissenschaftshistorisches Interesse, so tragen demgegenüber die Grundaufgaben wesentlich zum Verständnis der elementaren Statik bei.

Insgesamt hoffen die Autoren, Studierenden der Technischen Wissenschaften mit der vorliegenden Aufgabensammlung ein gutes Hilfsmittel für eine optimale Prüfungsvorbereitung zur Verfügung stellen zu können. Und sollte vielleicht auch später einmal noch der oder die eine oder andere von ihnen, schon in der Praxis stehend, den Weg zur Lösung einer bestimmten Aufgabe darin nachschlagen, so wäre der Zweck dieses Buchs voll erreicht.

Es bleibt die angenehme Pflicht, denjenigen zu danken, die durch sorgfältige Reinschrift des Manuskripts zum Entstehen maßgeblich beigetragen haben: es sind dies Frau Barbara Fuchs sowie insbesondere Frau Daniela Schwankhardt. Nicht unerwähnt bleiben soll schließlich, daß die Grundidee zu einigen der auch schon in der Vorgängersammlung enthaltenen Beispiele auf Herrn Prof. Dr. Udo Gamer zurückgeht, der auch zu vielen anderen Aufgaben in diesem Buch wertvolle Hinweise und Anregungen gegeben hat.

Wien, im Frühjahr 2006   Werner Mack, Peter Lugner und Manfred Plöchl

Inhaltsverzeichnis

1. Einleitung

Ziel dieses Kapitels ist es, dem Leser oder der Leserin nicht nur einige Hinweise zur Benutzung der vorliegenden Beispielsammlung, sondern auch ein paar allgemeine Ratschläge für das Lösen von Aufgaben zu geben.

Zunächst wäre zu erwähnen, daß das Buch grundsätzlich so gestaltet ist, daß die einzelnen Beispiele unabhängig voneinander behandelt werden, das heißt, es ist nicht unbedingt erforderlich, daß ein vorangegangenes gelöst wurde, um sich mit einem späteren beschäftigen zu können. Dennoch ist ein gewisser Aufbau in der Reihenfolge der gebotenen Beispiele enthalten. Beispielsweise wird bei den Lösungen der ersten Aufgaben stets angegeben, bezüglich welches Punktes das Momentengleichgewicht angeschrieben wird, bei späteren wird dies nicht mehr explizit aufgezeigt. Weiters stimmen anfänglich die positiven Zählrichtungen der Auflagerkräfte und -momente stets mit den positiven Koordinatenrichtungen überein (eine Wahl, die nicht notwendig, aber häufig empfehlenswert ist), später ist dies nicht immer der Fall. Und wird etwa das Bestimmen des Biegemoments in Trägern bei den ersten Beispielen zur Festigkeitslehre ausführlich mit einer eigenen Skizze erklärt, so wird später davon ausgegangen, daß die Herleitung auch ohne eine solche Skizze nachvollziehbar ist. Ähnlich verhält es sich mit Hinweisen zu speziellen Problemen bei Beispielen zum gleichen Stoffkapitel: Diese finden sich jeweils nur bei der Aufgabe, bei der sie erstmalig auftreten. Es ist somit empfehlenswert, beim Üben die Reihenfolge der Beispiele zumindest innerhalb eines Kapitels einzuhalten.

Was den gewählten Lösungsweg bei den einzelnen Beispielen angeht, so stellt er manchmal nur einen von mehreren möglichen dar, und zwar jenen, welcher dem jeweiligen didaktischen Zweck am besten entspricht. Natürlich ist aber jeder andere richtige Weg ebenso zulässig, und gelegentlich kann die Verwendung eines alternativen Lösungswegs auch die Übungsmöglichkeiten vermehren: Als Beispiel seien etwa jene Aufgaben zur Festigkeitslehre genannt, die hier mittels des Verfahrens nach Mohr behandelt werden, aber auch unter Verwendung der Differentialgleichung der Biegelinie gelöst werden können.

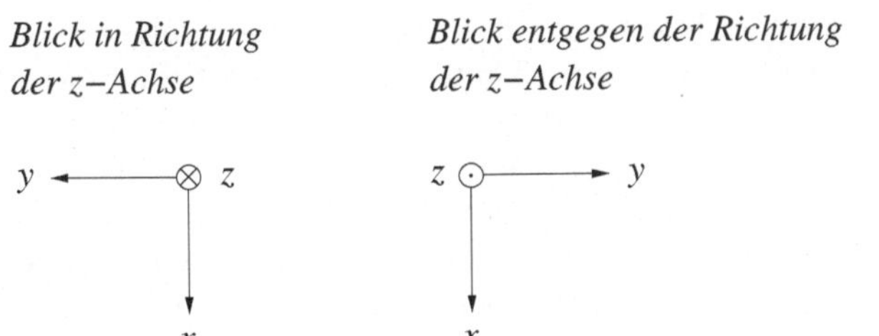

Abb. E.1.

Die verwendete Symbolik im Buch entspricht der allgemein üblichen. Speziell soll anhand von Abb. E.1 auf die Darstellung des Koordinatensystems in Abhängigkeit von der Richtung der z-Achse hingewiesen werden. Es werden überall orthogonale Rechtssysteme verwendet, woraus sich die Orientierung der dritten Koordinatenachse in den Fällen, wo nur zwei davon eingezeichnet sind, von selbst ergibt. Weiters werden Gleitlager stets als abhebesicher vorausgesetzt. Außerdem sei angemerkt, daß die Abhängigkeit einer Größe von einer unabhängigen Variablen nicht immer explizit angeschrieben wird; beispielsweise wird kontextabhängig für das Biegemoment in einem Träger $M_y(x)$ oder nur kurz M_y geschrieben.

Bei graphisch zu behandelnden Beispielen wird stets ein für das eigene Üben geeigneter Kräftemaßstab vorgeschlagen, dieser kann jedoch von dem – aus Gründen des Layouts – tatsächlich im Buch verwendeten abweichen.

Fragen nach der Stabilität einer Gleichgewichtslage bleiben in der vorliegenden Aufgabensammlung außer Betracht, auch wird etwa bei druckbelasteten schlanken Stäben nicht auf die Möglichkeit des Knickens eingegangen, der Leser oder die Leserin sollte sich jedoch der damit zusammenhängenden Problematik bewußt sein.

Waren die obigen Anmerkungen speziell für das Arbeiten mit dem vorliegenden Buch gedacht, so seien im folgenden noch einige ganz allgemeine Ratschläge für das Lösen von Mechanik-Aufgaben zusammengestellt, deren Befolgung nach der Erfahrung der Autoren eine Vielzahl von Fehlern zu vermeiden hilft.

Als erstes gehört dazu der Rat, vor Beginn der Rechnung stets eine saubere und übersichtliche Skizze anzufertigen, in die alle wirkenden Kräfte und Momente mit eindeutigen Bezeichnungen eingetragen werden. Ist das System aufzutrennen, so ist eine getrennte Skizze für jedes Teilsystem erforderlich. Wird ein allgemeiner Zusammenhang gesucht, beispielsweise Auflagerkräfte in Abhängigkeit vom Winkel, unter dem eine gegebene Einzellast an einem Träger angreift, so empfiehlt es sich, in der Skizze einen Winkel zu wählen, der deutlich sowohl von $\pi/2$ als auch $\pi/4$ abweicht. Bei graphisch zu lösenden Aufgaben ist weiters in aller Regel eine Trennung von Lageplan und Kräfteplan vorteilhaft.

Zu den wichtigsten Möglichkeiten der Kontrolle eines rechnerischen Ergebnisses zählt die Dimensionskontrolle. Die Summanden in einer physikalisch sinnvollen Gleichung – und damit natürlich auch diejenigen, die etwa in einer Klammer zusammengefaßt sind oder im Zähler oder im Nenner eines Bruchs stehen – müssen jeweils die gleiche Dimension, beispielsweise „Länge", haben. Dies ist ein notwendiges Kriterium für die Richtigkeit einer Rechnung, weshalb jedes Resultat routinemäßig einer solchen Kontrolle unterworfen werden sollte.

Schließlich sei auch empfohlen, jedes Ergebnis auf seine Übereinstimmung mit der Anschauung hin zu überprüfen; dies ist häufig besonders gut durch Betrachten von Spezialfällen möglich und wird an mehreren Beispielen im vorliegenden Buch gezeigt. Kommt es vor, daß das Resultat im Widerspruch zu dem zunächst antizipierten Systemverhalten steht, so liegt zumeist ein Überlegungs- oder Rechenfehler vor. Ist ein solcher jedoch auszuschließen, dann gewinnt man tiefere Einsichten in das Verhalten des mechanischen Systems.

Wie bereits im Vorwort erwähnt, kann und soll diese Aufgabensammlung in keiner Weise ein Lehrbuch oder entsprechendes Vorlesungsskriptum ersetzen. Die Beschäftigung mit einer zusammenhängenden Darstellung der Grundlagen der Mechanik ist vielmehr die notwendige Voraussetzung, um die hier enthaltenen Beispiele lösen beziehungsweise die angegebenen Lösungen verstehen zu können.

Es sei auch betont, daß die im letzten Kapitel des vorliegenden Buchs enthaltene Zusammenstellung einiger wichtiger Zusammenhänge und Formeln dem Benutzer oder der Benutzerin lediglich – soweit notwendig – ein rasches Nachschlagen ermöglichen soll, daß aber der darin enthaltene Stoff an sich als erforderliches Grundwissen bereitstehen sollte.

Es gibt eine Vielzahl älterer und neuerer sehr guter einführender deutschsprachiger Lehrbücher, die als Grundlage und Begleitung für diese Sammlung dienen können. Bewußt wollen die Autoren keine Liste anführen, da einerseits mit einer reinen Aufzählung aller in Frage kommenden Werke den Studierenden wenig geholfen wäre, andererseits wegen der laufenden Neuerscheinungen eine solche nach kurzer Zeit unvollständig wäre und nicht bestimmten Büchern der Vorzug gegeben werden soll.

Da die vorliegende Sammlung an der Technischen Universität Wien entstanden und ihr Aufbau natürlich durch die Lehrtradition an diesem Ort bestimmt ist, möchten die Autoren abschließend lediglich die hier im Laufe der Jahre entstandenen Lehrbücher der Mechanik erwähnen. Es sind dies: H. Parkus: „Mechanik der festen Körper", 2. Aufl., 2. Nachdruck. Wien New York: Springer 1983; F. Ziegler: „Technische Mechanik der festen und flüssigen Körper", 3., verb. Aufl. Wien New York: Springer 1998; U. Gamer und W. Mack: „Mechanik. Ein einführendes Lehrbuch für Studierende der Technischen Wissenschaften", Wien New York: Springer 1999, wobei der Inhalt dieser Bücher selbstverständlich weit über den hier benötigten Stoff hinausgeht.

2. Statik starrer Körper

2.1 Gleichgewicht ohne Reibung

1. Radaufhängung

Auf den Reifen eines Rennautos wirkt während einer Kurvenfahrt von der Fahrbahn her Normal- und Seitenkraft (siehe Abb. 1.1).

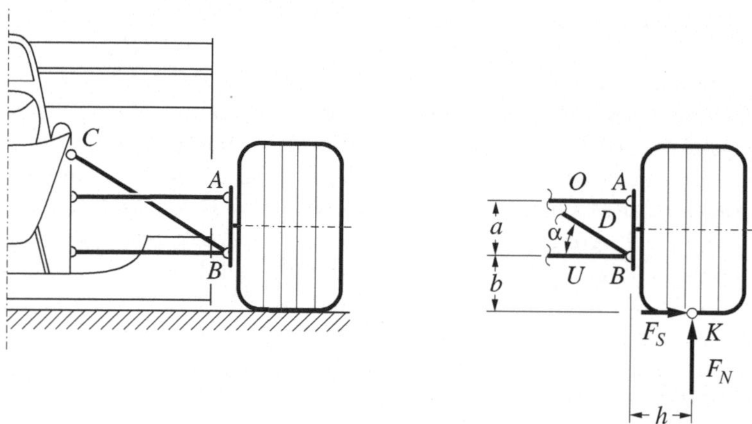

Abb. 1.1.

Geg.: Längen: a, b, h; Winkel: α; Normalkraft: $F_N = 1{,}5$ kN; Seitenkraft: F_S. Die Massenkräfte und Gewichte der aus oberem Querlenker O, unterem Querlenker U und Druckstange D bestehenden Radaufhängung sowie des Rades können gegenüber den übrigen Kräften vernachlässigt werden. Die Aufgabe wird als ebenes Problem betrachtet, alle Gelenke werden als reibungsfrei vorausgesetzt. Die Skizze ist maßstäblich.

Ges.: Es sind graphisch und rechnerisch zu ermitteln:

(a) Für $F_S = F_{S1} = 0{,}9$ kN: die Kraft F_D in der Druckstange;

(b) Die Seitenkraft $F_S = F_{S2}$, für welche der obere Querlenker keine Kraft überträgt.

Lösung

Da das Rad samt Radaufhängung als masselos betrachtet wird, muß auch bei beschleunigter Bewegung des Fahrzeugs – wie etwa bei stationärer Kurvenfahrt – das System im Gleichgewicht sein (die hier als gegeben vorausgesetzte Normal- und Seitenkraft folgt aus einer kinetischen Untersuchung des Gesamtfahrzeugs).

Zum Ermitteln der Kräfte in den Stangen wird das auf Abb. 1.1 rechts skizzierte Teilsystem betrachtet. Dabei sei angemerkt, daß in der konstruktiven Ausführung das linke Ende der Druckstange D über ein weiteres Gestänge, das bei C anschließt, mit dem Chassis verbunden ist; dies ist jedoch für die vorliegende Aufgabenstellung ohne Bedeutung.

Graphische Lösung

Vor Beginn der graphischen Lösung wird ein geeigneter Kräftemaßstab, beispielsweise $\mu_F = 1$ kN/cm, gewählt.

(a) Da die Stangen D, O und U an beiden Enden gelenkig gelagert sind und nur dort Kräfte übertragen werden – man spricht in diesem Fall von sogenannten Pendelstützen – , sind die Wirkungslinien WL der von der Aufhängung auf das Rad ausgeübten Kräfte durch die jeweiligen Stabachsen gegeben (siehe Abb. 1.2).

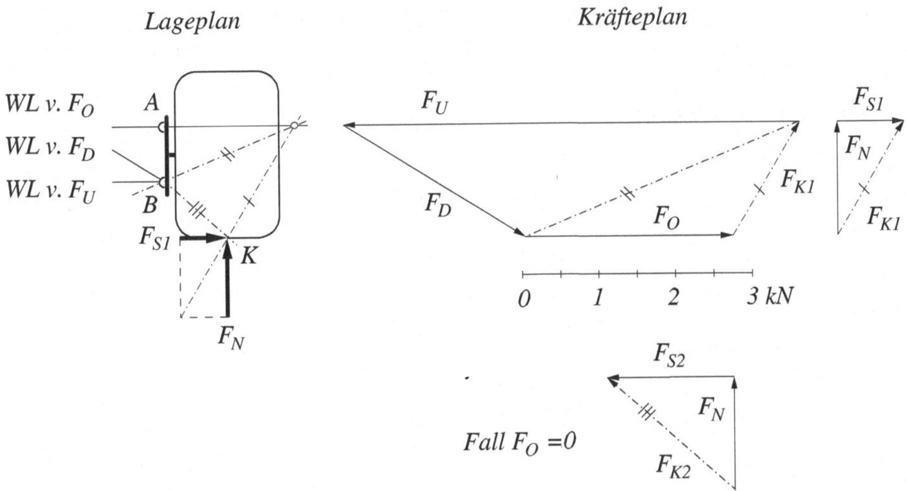

Abb. 1.2.

Es ist zweckmäßig, zunächst die gegebenen Kräfte F_N und F_{S1} zu einer Resultierenden F_{K1} zusammenzufassen. Dies erfolgt im Kräfteplan (hier in einem eigenen Kräftedreieck). Dann wird die Parallele zu F_{K1} im Lageplan (ein-gestrichene Gerade) durch den gemeinsamen Angriffspunkt K der Kräfte F_N und F_{S1} gezeichnet, womit man die Wirkungslinie von F_{K1} erhält. Nunmehr ist das Rad unter der Wirkung der drei unbekannten Kräfte F_D, F_O, F_U und der Resultierenden F_{K1} gemäß der Regel (B.6) ins Gleichgewicht zu setzen. Werden etwa die Teilresultierenden aus F_D und F_U einerseits und F_{K1} und F_O andererseits betrachtet, so müssen sie entgegengesetzt orientiert in derselben Wirkungslinie liegen. Als diese ergibt sich die zwei-gestrichene Gerade im Lageplan, und nach Übertragen in den Kräfteplan kann das Krafteck gezeichnet werden, wobei man von der bekannten Kraft F_{K1} ausgeht. Damit findet man unter Beachtung des Kräftemaßstabs schließlich die gesuchte Druckstangenkraft $F_D = 2,8$ kN; es sei angemerkt, daß bei Kontakt des Rades mit dem Boden die Stange D stets eine Druckkraft überträgt und ihr Name somit zurecht besteht.

Bemerkung: Selbstverständlich muß der Summenvektor aller auf das Rad wirkenden Kräfte gleich dem Nullvektor sein, was sich in einem mit einheitlichem Durchlaufungssinn geschlossenen Krafteck ausdrückt. Aus diesem folgt dann auch die Orientierung der Kräfte F_D, F_O und F_U.

(b) Wenn der obere Querlenker keine Kraft überträgt, also $F_O = 0$ gilt, muß das Rad unter der Resultierenden F_{K2} aus Normalkraft F_N und Seitenkraft F_{S2} einerseits und der Resultierenden aus F_D und F_U andererseits im Gleichgewicht sein. Dies ist nur möglich, wenn beide entgegengesetzt orientiert in der durch die Punkte B und K bestimmten gemeinsamen Wirkungslinie liegen (dreigestrichene Gerade in Abb. 1.2). Durch Übertragen in den Kräfteplan findet man bei gegebenem F_N dann unmittelbar $F_{S2} = 1,6$ kN. Wie man sich leicht überlegt, wirkt in diesem Fall auch im unteren Querlenker nur eine geringe Kraft, da die Wirkungslinie von F_D nahezu mit der Wirkungslinie von F_{K2} zusammenfällt.

Rechnerische Lösung

(a) Zunächst werden die auf das Rad wirkenden Kräfte in eine Skizze eingetragen (siehe Abb. 1.3). Wie schon bei der graphischen Lösung erwähnt, wirken die von der Aufhängung auf das Rad übertragenen Kräfte F_D, F_O und F_U in Richtung der Stabachsen und können als Bedingungskräfte mit beliebigen positiven Zählrichtungen angenommen werden, die tatsächlichen Richtungssinne folgen durch die jeweiligen Vorzeichen der errechneten Kräfte dann aus den Gleichgewichtsbedingungen. Demgegenüber ist (in der vorliegenden Aufgabenstellung) die Normalkraft nach Größe und Richtung gegeben; im Fragepunkt (a) trifft dies auch auf die Seitenkraft zu.

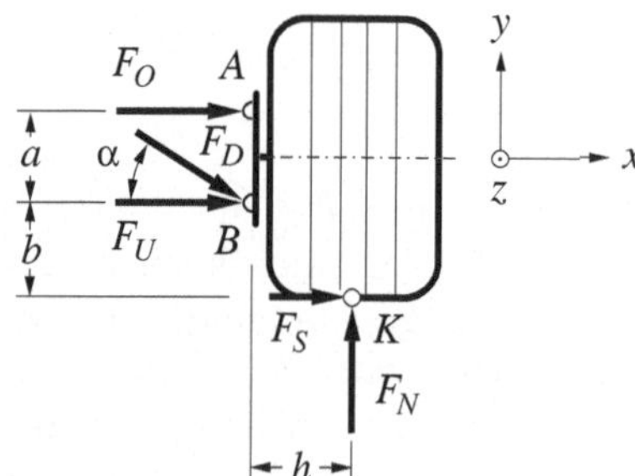

Abb. 1.3.

Die Gleichgewichtsbedingungen (B.3) nehmen im gewählten x-y-z-Koordinatensystem folgende Form an:

$$F_S + F_O + F_D \cos\alpha + F_U = 0, \tag{1.1}$$

$$F_N - F_D \sin\alpha = 0, \tag{1.2}$$

$$-aF_O + bF_S + hF_N = 0; \tag{1.3}$$

als Bezugspunkt für das Momentengleichgewicht wurde dabei der Punkt B gewählt. Aus Gl. (1.2) erhält man dann unmittelbar die gesuchte Kraft in der Druckstange,

$$F_D = \frac{F_N}{\sin\alpha}, \tag{1.4}$$

doch sollen der Vollständigkeit halber auch die übrigen Unbekannten angegeben werden: aus Gl. (1.3) folgt

$$F_O = \frac{h}{a}F_N + \frac{b}{a}F_S, \tag{1.5}$$

und damit aus Gl. (1.1) schließlich

$$F_U = -\left[\left(\frac{h}{a} + \cot\alpha\right)F_N + \left(\frac{b}{a} + 1\right)F_S\right]. \tag{1.6}$$

(b) Die Seitenkraft $F_S = F_{S2}$, bei welcher der obere Querlenker kräftefrei bleibt, findet man aus Gl. (1.5) für den Spezialfall $F_O = 0$; es ergibt sich

$$F_{S2} = -\frac{h}{b}F_N \tag{1.7}$$

in Übereinstimmung mit dem unteren Krafteck auf Abb. 1.2.

Bemerkung: Die positiven Vorzeichen auf den rechten Seiten der Gln. (1.4) und (1.5) zeigen an, daß die Richtungssinne der Bedingungskräfte F_D und F_O mit den auf Abb. 1.3 gewählten positiven Zählrichtungen übereinstimmen, das negative Vorzeichen der rechten Seite von Gl. (1.6) hingegen bedeutet, daß – wie natürlich auch aus der graphischen Lösung ersichtlich ist – die Kraft F_U in die zur Skizze entgegengesetzte Richtung weist; gleiches gilt für die (im Fragepunkt (b) ebenfalls als Bedingungskraft zu interpretierende) Seitenkraft F_{S2}.

2. Parallelflachzange

Mit einer Parallelflachzange wird ein (zylindrischer) Körper festgehalten (siehe Abb. 2.1).

Geg.: Anpreßkraft: F_Q; Längen: a, l_1, l_2. Die Aufgabe wird als ebenes Problem betrachtet, alle Gelenke und die Führungen der Bolzen bei B und B' werden als reibungsfrei vorausgesetzt.

Ges.: Es ist das Verhältnis zwischen der Haltekraft F_H und der Kraft F_Q, also F_H/F_Q, zu ermitteln.

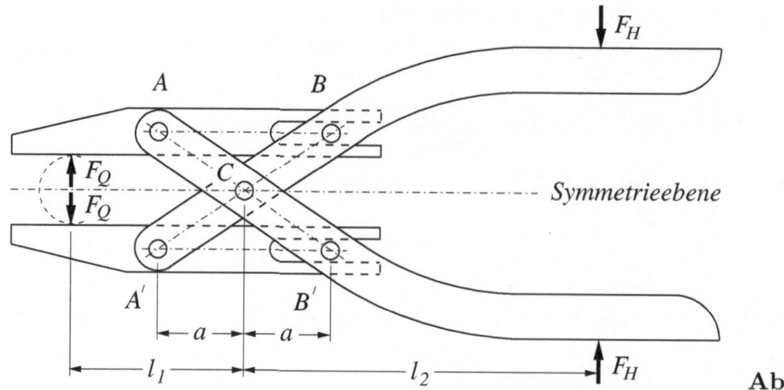

Abb. 2.1.

Lösung

Man betrachtet die vier Hauptteile der Zange einzeln (siehe Abb. 2.2) und trägt nach der Wahl des x-y-z-Koordinatensystems neben F_H und F_Q an allen Stellen, wo die Teile untereinander in Kontakt sind, die entsprechenden unbekannten Kräfte beziehungsweise Kraftkomponenten ein. Die in den Gelenken und Bolzen übertragenen Kräfte werden dabei durch Einzelkräfte in deren Mittelpunkten idealisiert; die Richtung der Kraft in B (beziehungsweise B') ist normal zur reibungsfreien Führung. Da alle Kräfte spiegelbildlich zur Symmetrieebene sein müssen, ist

$$F_{Cx} = 0 \tag{2.1}$$

sowie

$$F_{A'x} = F_{Ax}, \quad F_{A'y} = F_{Ay}, \quad F_{B'} = F_B, \tag{2.2-4}$$

und es genügt, zum Beispiel die aus Teil 1 und Teil 2 bestehende Hälfte der Zange zu betrachten.

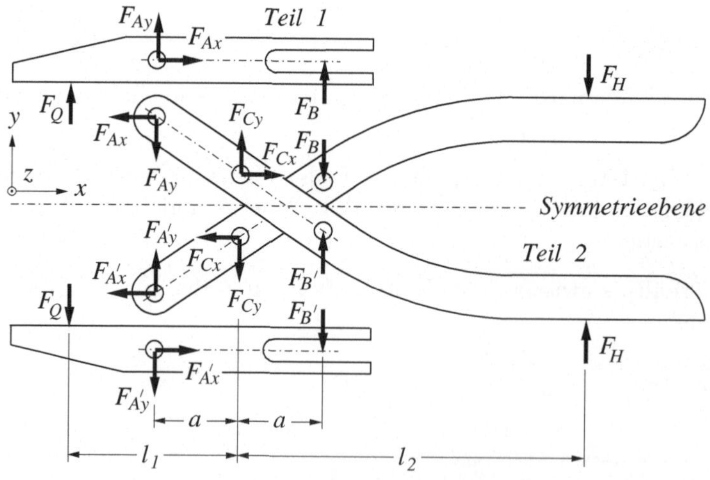

Abb. 2.2.

Die Gleichgewichtsbedingungen (B.3) ergeben für Teil 1

$$F_{Ax} = 0, \quad F_{Ay} + F_Q + F_B = 0, \quad 2a\,F_B - (l_1 - a)F_Q = 0, \qquad (2.5\text{-}7)$$

und für Teil 2 unter Beachtung von Gl. (2.5) zunächst $F_{Cx} = 0$ in Übereinstimmung mit Gl. (2.1), sowie

$$-F_{Ay} + F_{B'} + F_{Cy} + F_H = 0, \quad aF_{Ay} + aF_{B'} + l_2 F_H = 0; \qquad (2.8,9)$$

als Bezugspunkte für die Momentengleichgewichte wurden dabei die Punkte A beziehungsweise C gewählt.

Die Gln. (2.6-9) zusammen mit $F_{B'} = F_B$ sind vier (inhomogene) Gleichungen zur Bestimmung von F_{Ay}, F_B, F_{Cy} und F_H/F_Q. Aus Gl. (2.7) folgt sofort

$$F_B = \frac{l_1 - a}{2a} F_Q, \qquad (2.10)$$

und damit aus Gl. (2.6)

$$F_{Ay} = -\frac{l_1 + a}{2a} F_Q. \qquad (2.11)$$

Aus Gl. (2.9) findet man schließlich das gesuchte Verhältnis

$$\frac{F_H}{F_Q} = \frac{a}{l_2}, \qquad (2.12)$$

unabhängig von l_1, also der Position des zu fixierenden Körpers.

Will man zusätzlich auch die Gelenkkraft F_{Cy} bestimmen, so erhält man diese aus Gl. (2.8),

$$F_{Cy} = -\left(\frac{l_1}{a} + \frac{a}{l_2}\right) F_Q. \qquad (2.13)$$

3. Kippvorrichtung

Es wird eine Kippvorrichtung zum Entleeren von Eisenbahnwaggons betrachtet (siehe Abb. 3.1).

Geg.: Gewichte: $G_E = 60$ kN, $G_1 = 30$ kN; S_E bezeichnet den Gesamtschwerpunkt von Waggon und Ladung, S_1 denjenigen der Kippbühne (Teil 1); alle übrigen Teile werden als masselos betrachtet, alle Gelenke sowie die Halterung bei K als reibungsfrei vorausgesetzt. Die Zugstange (Teil 3) kann bei C durch einen Hydraulikzylinder eingezogen werden. Die Skizze ist maßstäblich.

Ges.: Die in den Punkten A, B, D, E, F und H wirkenden Kräfte sowie die Kraft F_C auf die Zugstange sind graphisch zu ermitteln.

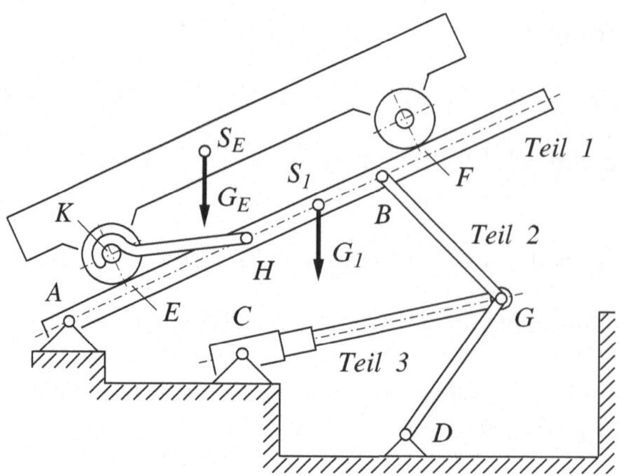

Abb. 3.1.

Lösung

Vor Beginn der graphischen Lösung ist ein geeigneter Kräftemaßstab, beispielsweise $\mu_F = 10$ kN/cm, zu wählen.

Zum Ermitteln der Kräfte in den Punkten E, F und H wird zunächst nur das aus Waggon und Haltestange bestehende Teilsystem betrachtet (siehe Abb. 3.2): Auf dieses wirken die Radaufstandskräfte F_E und F_F, das Gewicht G_E und die Haltestangenkraft F_H; wegen der reibungsfreien Gelenke an beiden Enden der Stange und ihrer Belastung nur an diesen Stellen ist die Wirkungslinie von F_H durch die Richtung $\overline{KH}$ gegeben. Mit Hilfe der Regel (B.6) für das Gleichgewicht von vier Kräften werden F_E, F_F und F_H bestimmt.

Von den sechs an der Kippbühne angreifenden Kräften F_A, F_E, F_H, G_1, F_B und F_F müßten die bereits bestimmten Kräfte zum Bilden einer Resultierenden herangezogen werden, um damit F_A und F_B ermitteln zu können. Betrachtet man jedoch das aus Waggon, Haltestange und Kippbühne bestehende System insgesamt, so braucht nur die Resultierende aus G_E und G_1 gebildet zu werden (siehe Regel (B.5)), da F_E, F_H und F_F als innere Kräfte nicht in Erscheinung treten. Mit der Regel (B.4) für das Gleichgewicht dreier Kräfte lassen sich dann F_A und F_B (im Krafteck F_{B12}, also die Kraft von Teil 2 auf Teil 1) bestimmen.

Zum Ermitteln der Kräfte F_C und F_D wird das Gelenk G ins Gleichgewicht gesetzt; dabei ist zu beachten, daß nunmehr F_{B21}, wirkend von Teil 1 auf Teil 2, zu verwenden ist. Die Beträge der Kräfte können dann dem Kräfteplan entnommen werden.

Bemerkung: Selbstverständlich ist auch das Gesamtsystem der Kippvorrichtung unter den Gewichten G_E und G_1, den Auflagerkräften F_A und F_D sowie der Stangenkraft F_C im Gleichgewicht. Es muß daher das aus diesen Kräften gebildete Krafteck geschlossen sein, was zur Kontrolle des letzteren dienen kann.

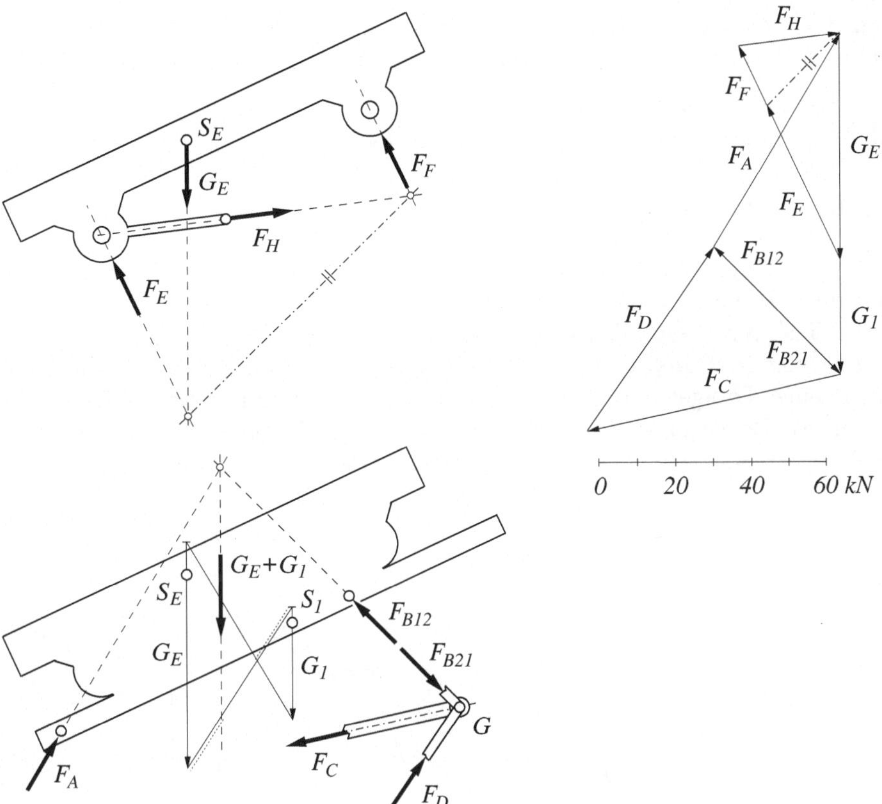

Abb. 3.2.

4. Dreigelenkbogen

Es wird ein Hubmechanismus im Gleichgewicht betrachtet (siehe Abb. 4.1).

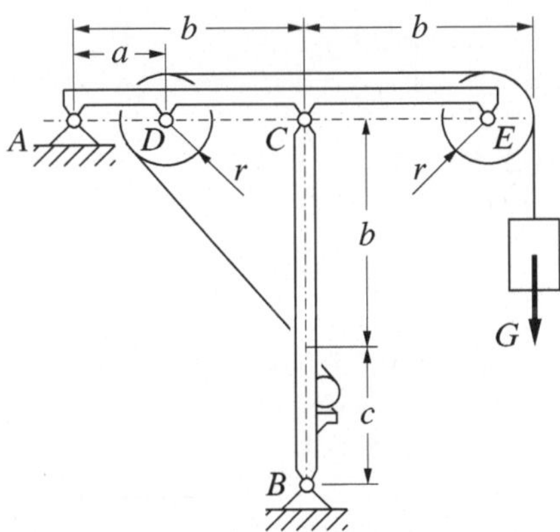

Abb. 4.1.

Geg.: Last: $G = 45$ kN; Längen: a, b, c, r; alle Gelenke und die Lager der Rollen in D und E werden als reibungsfrei vorausgesetzt. Die Skizze ist maßstäblich.

Ges.: Es sind die Auflagerkräfte in A und B sowie die Kraft im Gelenk C auf Teil AE graphisch und rechnerisch zu ermitteln.

Graphische Lösung

Vor Beginn der graphischen Lösung wird ein geeigneter Kräftemaßstab, beispielsweise $\mu_F = 10$ kN/cm, gewählt.

Das Tragwerk besteht aus zwei starren Teilen mit den Festlagern A und B. Die Teile sind im Punkt C durch ein reibungsfreies Gelenk verbunden und bilden deshalb einen Dreigelenkbogen. Zur graphischen Bestimmung der Auflagerkräfte werden zwei Belastungsfälle überlagert, bei denen auf jeweils einen Teil des Dreigelenkbogens nur Gelenk- und Auflagerkraft wirken (siehe Abb. 4.2).

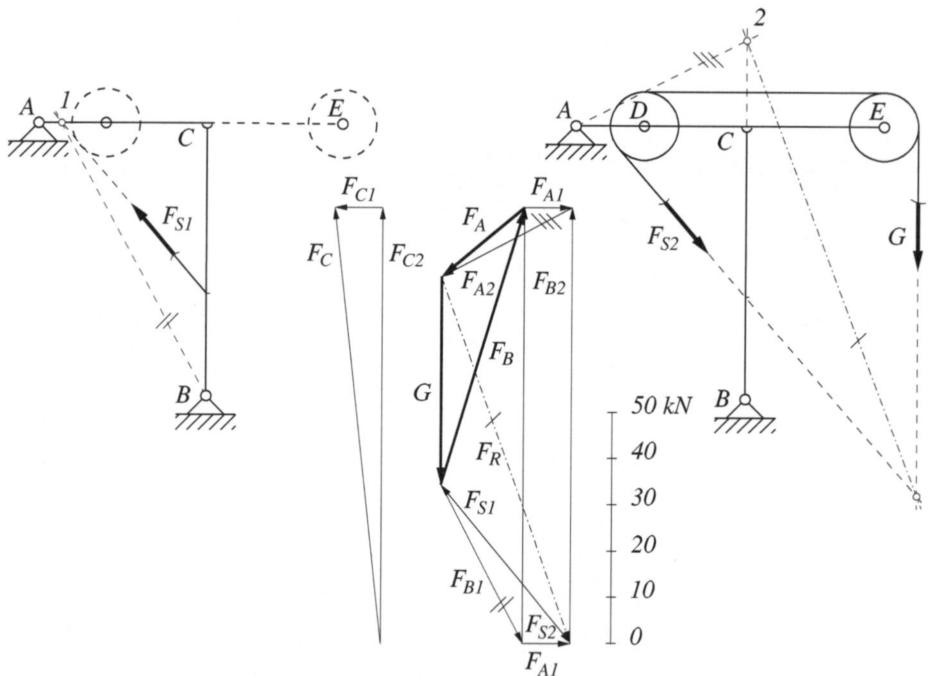

Abb. 4.2.

Zunächst wird der Teil AE als von außen unbelastet betrachtet (siehe linke Skizze), so daß dieser eine Pendelstütze darstellt; die Wirkungslinie der Auflagerkraft F_{A1} muß in diesem Fall durch C gehen, und es gilt $F_{C1} = F_{A1}$. Neben dieser Kraft wirken auf Teil BC weiters die Seilkraft $F_{S1} = G$ (aufgrund der reibungsfrei gelagerten Rollen ist die Kraft im Seil überall gleich groß) und die Auflagerkraft F_{B1}, deren Richtung vom Schnittpunkt 1 bestimmt wird (siehe

Regel (B.4)); damit kann das Krafteck aus diesen drei Kräften gezeichnet werden.

Betrachtet man nun andererseits den Teil BC als von außen unbelastet (siehe rechte Skizze), so muß die Wirkungslinie der zu diesem Fall gehörenden Auflagerkraft F_{B2} durch C gehen, wobei $F_{C2} = F_{B2}$. Die Kräfte G und $F_{S2} = G$ lassen sich zu einer Resultierenden F_R zusammenfassen, und die Richtung der Auflagerkraft F_{A2} ergibt sich analog zum vorhergehenden Fall über den Schnittpunkt 2, so daß nunmehr das Krafteck für diesen Belastungsfall gezeichnet werden kann.

Die Überlagerung der beiden Lastfälle liefert die gesuchten Auflagerkräfte. Im Kräfteplan müssen F_{A1} und F_{A2} beziehungsweise F_{B1} und F_{B2} vektoriell zur gesamten auf das Tragwerk wirkenden Auflagerkraft F_A beziehungsweise F_B zusammengesetzt werden; dazu werden F_{A1} und F_{B2} parallel verschoben. Die Ermittlung der Gelenkkraft C erfolgt gemäß dem linken Kräfteplan in Abb. 4.2 (es ist zu beachten, daß die auf Teil AE wirkende Komponente $F_{C1} = F_{A1}$ gegenüber dem ersten Lastfall entgegengesetzt orientiert ist).

Die Beträge der Kräfte folgen mit dem Kräftemaßstab aus dem Kräfteplan zu $F_A = 24$ kN, $F_B = 63$ kN und $F_C = 96$ kN.

Bemerkung: Zur Kontrolle kann dienen, daß beispielsweise der Teil AE unter der Wirkung der vier Kräfte F_A, G, F_{S2} und F_C im Gleichgewicht sein muß.

Rechnerische Lösung

Die Hauptteile des Hubmechanismus werden einzeln betrachtet, und man trägt an den Auflagern und Kontaktstellen die Kraftkomponenten ein (siehe Abb. 4.3). Zur Ermittlung der Komponenten der Kraft F_S wird zweckmäßigerweise der Winkel β eingeführt, der über die Beziehung

$$\beta = \arccos \frac{b\sqrt{(b-a)^2 + b^2 - r^2} - (b-a)r}{(b-a)^2 + b^2} \tag{4.1}$$

durch die gegebenen Längen ausgedrückt werden kann. Die Gleichgewichtsbedingungen (B.3) nehmen dann für den Teil AE die Form

$$F_{Ax} - F_{Cx} + F_S \sin\beta = 0, \tag{4.2}$$

$$F_{Ay} - F_{Cy} - F_S \cos\beta - G = 0, \tag{4.3}$$

$$-bF_{Ay} - bG + (b\sin\beta)F_S = 0 \tag{4.4}$$

an, wobei C als Bezugspunkt für das Momentengleichgewicht gewählt wurde; für den Teil BC lauten sie

$$F_{Bx} + F_{Cx} - F_S \sin\beta = 0, \tag{4.5}$$

$$F_{By} + F_{Cy} + F_S \cos\beta = 0, \tag{4.6}$$

$$(b+c)F_{Bx} - (b\sin\beta)F_s = 0. \tag{4.7}$$

Die Gln. (4.2) bis (4.7) stellen unter Beachtung von $F_S = G$, was aus dem Momentengleichgewicht der Rollen bezüglich des jeweiligen Mittelpunkts folgt

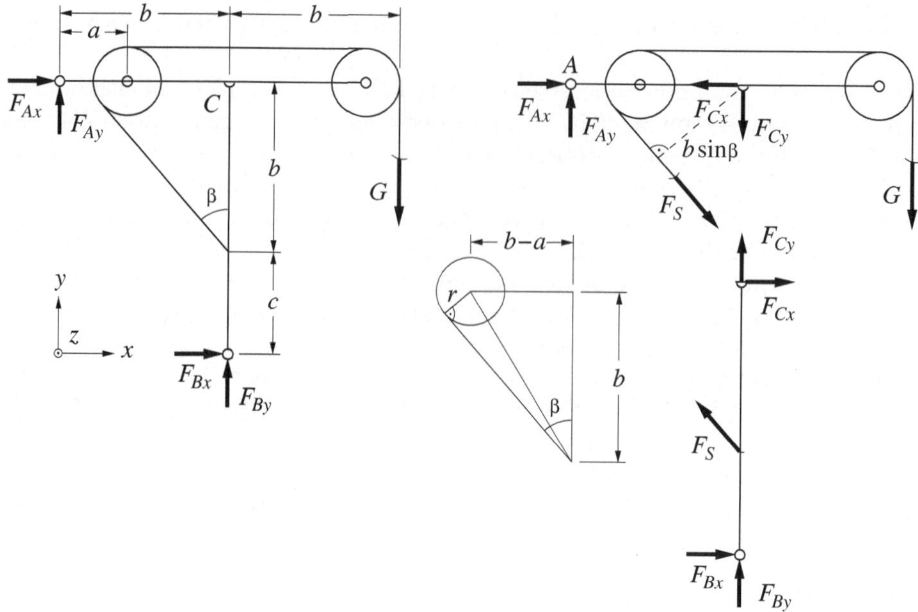

Abb. 4.3.

(und wovon schon bei der graphischen Lösung Gebrauch gemacht wurde), sechs Gleichungen zur Bestimmung der sechs Unbekannten F_{Ax}, F_{Ay}, F_{Bx}, F_{By}, F_{Cx} und F_{Cy} dar. Aus den Gln. (4.4) und (4.7) folgt unmittelbar

$$F_{Ay} = -(1 - \sin\beta)G, \tag{4.8}$$

$$F_{Bx} = \frac{b\sin\beta}{b+c}G, \tag{4.9}$$

und damit aus den restlichen Gln. (4.3), (4.5), (4.2) und (4.6) der Reihe nach

$$F_{Cy} = G(-2 + \sin\beta - \cos\beta), \qquad F_{Cx} = \frac{c\sin\beta}{b+c}G, \tag{4.10,11}$$

$$F_{Ax} = -\frac{b\sin\beta}{b+c}G, \tag{4.12}$$

$$F_{By} = (2 - \sin\beta)G. \tag{4.13}$$

Bemerkung: Zum Ermitteln der unbekannten Kraftkomponenten kann anstatt der Gleichgewichtsbedingungen für den Teil AE oder den Teil BC auch das Gleichgewicht des Gesamtsystems betrachtet werden. Die drei Gleichgewichtsbedingungen für das Gesamtsystem allein sind aber zur Bestimmung der vier unbekannten Auflagerreaktionen nicht hinreichend, da dann die zusätzliche Bedingung der Momentenfreiheit im Gelenk C nicht eingeht.

5. Federmechanismus

Eine Anordnung aus zwei Stäben, zwei linearen vorgespannten Federn und einer Torsionsfeder wird durch eine Einzelkraft belastet (siehe Abb. 5.1).

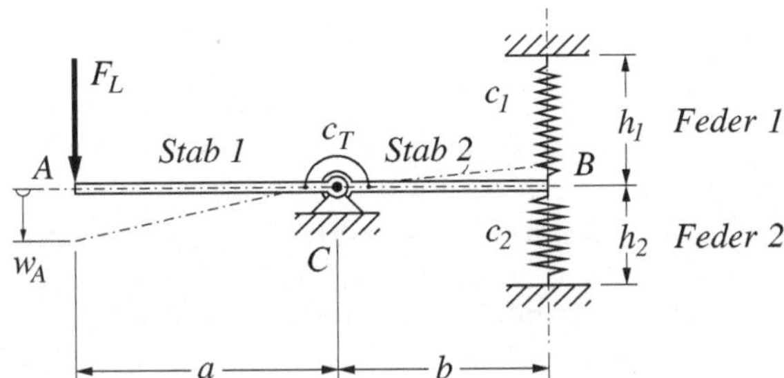

Abb. 5.1.

Geg.: Kraft: F_L; Längen: a, b, h_1, h_2; Federkonstante: c_1; die Länge der beiden entspannten Federn ist jeweils l_0 ($l_0 < h_1$, $l_0 < h_2$); Drehfederkonstante: c_T; die Drehfeder ist in der gestreckten Lage der starren, als masselos betrachteten Stäbe entspannt. Das Auflager C wird als reibungsfrei vorausgesetzt.

Ges.:

(a) Es ist die Federkonstante c_2 der Feder 2 so zu bestimmen, daß beide Stäbe vor dem Aufbringen der Last F_L horizontal stehen.

(b) Für kleine Verschiebungen (und damit kleine Neigungswinkel) ist die Ersatzfederkonstante $c_{ers} = F_L/w_A$ zu ermitteln.

Lösung

Zum Aufstellen der Gleichgewichtsbedingungen löst man die Stäbe von den Federn und dem Lager (siehe Abb. 5.2); die Stäbe müssen dabei in einer allgemeinen Lage betrachtet werden, da sonst nicht alle Kräfte und Momente aufscheinen.

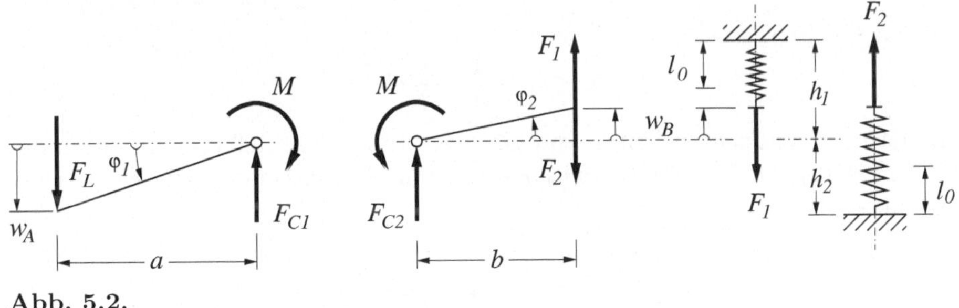

Abb. 5.2.

(a) Damit beide Stäbe vor dem Aufbringen der Last horizontal stehen, das heißt $w_B = 0$, müssen in dieser Lage die von den Federn auf den Stab 2 wirkenden

Kräfte

$$F_1 = c_1(h_1 - l_0), \quad F_2 = c_2(h_2 - l_0) \tag{5.1,2}$$

gleich groß sein, und damit ergibt sich

$$c_2 = c_1 \frac{h_1 - l_0}{h_2 - l_0}. \tag{5.3}$$

Bemerkung: Es muß entweder, wie in der Angabe vorausgesetzt, $l_0 < h_1$ und $l_0 < h_2$ oder aber $l_0 > h_1$ und $l_0 > h_2$ gelten, da sonst c_2 einen physikalisch nicht sinnvollen negativen Wert annehmen würde und somit im unbelasteten Zustand kein Gleichgewicht in der horizontalen Lage der Stäbe möglich wäre.

(b) Da kleine Verschiebungen w_A, w_B und damit auch kleine Neigungswinkel der Stäbe vorausgesetzt sind, kann die Schrägstellung der Federn 1 und 2 bei der Berechnung der Momente vernachlässigt werden. Man entnimmt der Skizze (siehe Abb. 5.2) die (linearisierten) geometrischen Beziehungen

$$\varphi_1 = \frac{w_A}{a}, \quad \varphi_2 = \frac{w_B}{b}, \tag{5.4,5}$$

womit sich für das Moment der Drehfeder ergibt:

$$M = c_T(\varphi_1 - \varphi_2) = c_T \left(\frac{w_A}{a} - \frac{w_B}{b} \right); \tag{5.6}$$

für die Kräfte der linearen Federn findet man

$$F_1 = c_1[(h_1 - w_B) - l_0], \quad F_2 = c_2[(h_2 + w_B) - l_0]. \tag{5.7,8}$$

Das Momentengleichgewicht von Stab 1 beziehungsweise Stab 2 bezüglich des Punktes C liefert

$$M = aF_L, \quad M = b(F_2 - F_1). \tag{5.9,10}$$

Eliminiert man M aus Gln. (5.9) und (5.10) und setzt nach Gln. (5.7) und (5.8) für F_1 beziehungsweise F_2 ein, so erhält man zunächst für w_B den Ausdruck

$$w_B = \frac{1}{c_1 + c_2} \left[F_L \frac{a}{b} + c_1(h_1 - l_0) - c_2(h_2 - l_0) \right], \tag{5.11}$$

und mit Gl. (5.3)

$$w_B = \frac{1}{c_1 + c_2} \frac{a}{b} F_L. \tag{5.12}$$

Gleichsetzen der rechten Seiten von Gln. (5.6) und (5.9) liefert dann zusammen mit Gl. (5.12) die Beziehung zwischen w_A und F_L und damit die Ersatzfederkonstante

$$c_{ers} = \frac{F_L}{w_A} = \frac{c_T}{a^2} \frac{1}{\left[1 + \dfrac{c_T}{b^2(c_1 + c_2)} \right]}. \tag{5.13}$$

Bemerkung: Zur Beantwortung der gegebenen Fragestellung war die Ermittlung der Auflagerkräfte F_{C1} und F_{C2} nicht erforderlich, in einer Skizze (siehe Abb. 5.2) sind sie aber der Vollständigkeit halber zu berücksichtigen!

6. Hubwerk

Eine Last wird mit konstanter Geschwindigkeit von einem Hubwerk gehoben (siehe Abb. 6.1).

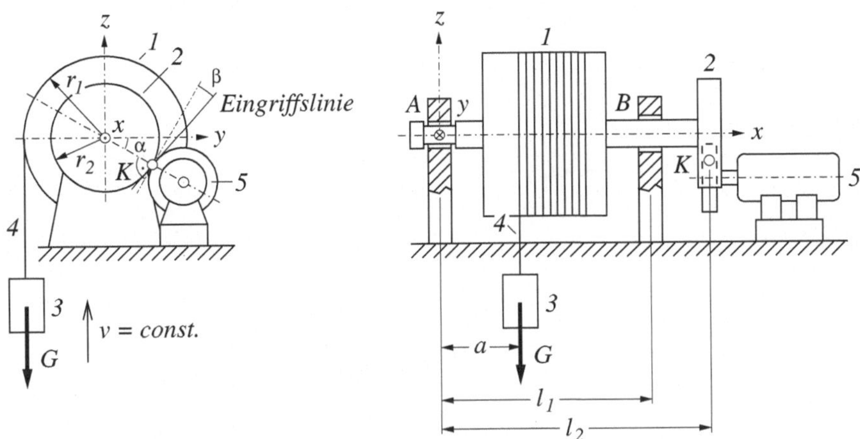

Abb. 6.1.

Geg.: Die Welle mit der Seiltrommel 1 (Radius: r_1) und dem geradverzahnten Zahnrad 2 (Radius: r_2) ist mittels der Lager A und B reibungsfrei drehbar gelagert; beide Lager können auch keine Momente normal zur x-Achse aufnehmen. Das Lager A kann eine Kraft allgemeiner Richtung übertragen, wohingegen im Loslager B keine Kraft in Richtung der x-Achse auftreten kann. Das Gewicht G (Teil 3) hängt an dem masselosen Seil 4 und wird durch den Motor 5 mit $\nu = const.$ gehoben. Die Kraft vom Ritzel auf das Zahnrad 2 wird an der durch den Winkel α bestimmten Stelle K übertragen und die Eingriffslinie der Verzahnung als unter dem Winkel β gegen die Wälzlinie geneigt vorausgesetzt. Längen: a, l_1, l_2

Ges.: Es sind die Zahnkraft $\underline{F}_K$ vom Ritzel auf das Zahnrad 2 sowie die Auflagerkräfte $\underline{F}_A$ und $\underline{F}_B$ auf die Welle (jeweils dargestellt im x-y-z-System) zu bestimmen.

Lösung

Da die Last mit konstanter Geschwindigkeit gehoben wird, kann das Problem mit den Methoden der Statik behandelt werden.

Zum Aufstellen der Gleichgewichtsbedingungen betrachtet man den aus der Welle, der Seiltrommel 1 und dem Zahnrad 2 bestehenden Teil und zeichnet in die Skizze des freigemachten Körpers (siehe Abb. 6.2) die Kraft G, die vom Ritzel herrührende Kraft F_K und die möglichen von den Lagern ausgeübten Kraftkomponenten F_{Ax}, F_{Ay}, F_{Az} sowie F_{By} und F_{Bz} ein. Zerlegen der Kraft F_K in ihre Komponenten liefert

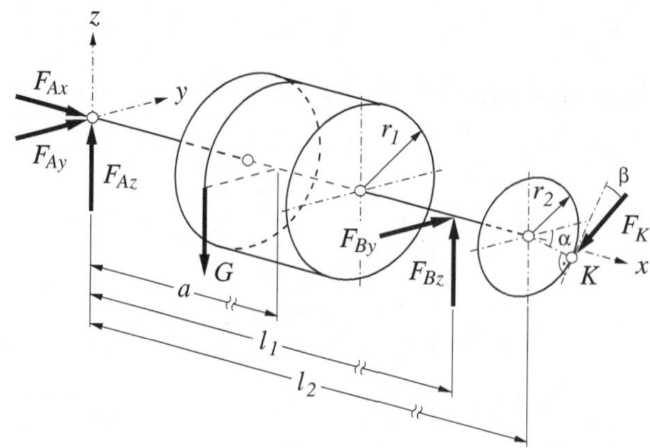

Abb. 6.2.

$$\underline{F}_K = \begin{bmatrix} F_{Kx} \\ F_{Ky} \\ F_{Kz} \end{bmatrix} = \begin{bmatrix} 0 \\ -F_K \sin(\alpha + \beta) \\ -F_K \cos(\alpha + \beta) \end{bmatrix}. \tag{6.1}$$

Die Gleichgewichtsbedingungen (B.2) nehmen für die Kräfte die Form

$$\sum_i \underline{F}_i = \begin{bmatrix} F_{Ax} \\ F_{Ay} + F_{By} - F_K \sin(\alpha + \beta) \\ F_{Az} + F_{Bz} - F_K \cos(\alpha + \beta) - G \end{bmatrix} = \begin{bmatrix} 0 \\ 0 \\ 0 \end{bmatrix} \tag{6.2}$$

an, und für die Momente bezüglich des Bezugspunkts A gilt

$$\sum_i \underline{M}_{Ai} = \begin{bmatrix} a \\ -r_1 \\ 0 \end{bmatrix} \times \begin{bmatrix} 0 \\ 0 \\ -G \end{bmatrix} + \begin{bmatrix} l_1 \\ 0 \\ 0 \end{bmatrix} \times \begin{bmatrix} 0 \\ F_{By} \\ F_{Bz} \end{bmatrix}$$

$$+ \begin{bmatrix} l_2 \\ r_2 \cos\alpha \\ -r_2 \sin\alpha \end{bmatrix} \times \begin{bmatrix} 0 \\ -F_K \sin(\alpha + \beta) \\ -F_K \cos(\alpha + \beta) \end{bmatrix}$$

$$= \begin{bmatrix} 0 & 0 & -r_1 \\ 0 & 0 & -a \\ r_1 & a & 0 \end{bmatrix} \begin{bmatrix} 0 \\ 0 \\ -G \end{bmatrix} + \begin{bmatrix} 0 & 0 & 0 \\ 0 & 0 & -l_1 \\ 0 & l_1 & 0 \end{bmatrix} \begin{bmatrix} 0 \\ F_{By} \\ F_{Bz} \end{bmatrix}$$

$$+ \begin{bmatrix} 0 & r_2 \sin\alpha & r_2 \cos\alpha \\ -r_2 \sin\alpha & 0 & -l_2 \\ -r_2 \cos\alpha & l_2 & 0 \end{bmatrix} \begin{bmatrix} 0 \\ -F_K \sin(\alpha + \beta) \\ -F_K \cos(\alpha + \beta) \end{bmatrix}$$

$$= \begin{bmatrix} r_1 G - r_2 \cos\beta F_K \\ aG - l_1 F_{Bz} + l_2 \cos(\alpha + \beta) F_K \\ l_1 F_{By} - l_2 \sin(\alpha + \beta) F_K \end{bmatrix} = \begin{bmatrix} 0 \\ 0 \\ 0 \end{bmatrix}; \tag{6.3}$$

dabei wurde im zweiten Schritt (zu Demonstrationszwecken) von Gl. (A.7) und im dritten Schritt bei der Berechnung von M_{Ax} von der Identität $\cos\alpha \cos(\alpha + \beta) + \sin\alpha \sin(\alpha + \beta) = \cos\beta$ Gebrauch gemacht.

Die Lösung des linearen Gleichungssystems (6.2), (6.3) liefert dann die gesuchten Größen,

$$
\underline{F}_K = \begin{bmatrix} 0 \\ -\dfrac{r_1}{r_2}\dfrac{\sin(\alpha+\beta)}{\cos\beta}G \\ -\dfrac{r_1}{r_2}\dfrac{\cos(\alpha+\beta)}{\cos\beta}G \end{bmatrix},
\tag{6.4}
$$

$$
\underline{F}_A = \begin{bmatrix} 0 \\ \dfrac{r_1}{r_2}\dfrac{\sin(\alpha+\beta)}{\cos\beta}\left(1-\dfrac{l_2}{l_1}\right)G \\ \left[1-\dfrac{a}{l_1}+\dfrac{r_1}{r_2}\dfrac{\cos(\alpha+\beta)}{\cos\beta}\left(1-\dfrac{l_2}{l_1}\right)\right]G \end{bmatrix},
\tag{6.5}
$$

$$
\underline{F}_B = \begin{bmatrix} 0 \\ \dfrac{l_2 r_1}{l_1 r_2}\dfrac{\sin(\alpha+\beta)}{\cos\beta}G \\ \left(\dfrac{a}{l_1}+\dfrac{l_2 r_1}{l_1 r_2}\dfrac{\cos(\alpha+\beta)}{\cos\beta}\right)G \end{bmatrix}.
\tag{6.6}
$$

Bemerkung: Das in der ersten Zeile von Gl. (6.3) auftretende Moment der Zahnkraft in (negative) x-Richtung kann auch unmittelbar als Moment ihrer Tangentialkomponente, $F_K\cos\beta$, gedeutet werden.

2.2 Gleichgewicht mit Reibung

7. Haften einer Walze in einer keilförmigen Nut

Eine Walze liegt in einer Nut und wird über ein Seil durch eine Kraft F_L exzentrisch belastet (siehe Abb. 7.1).

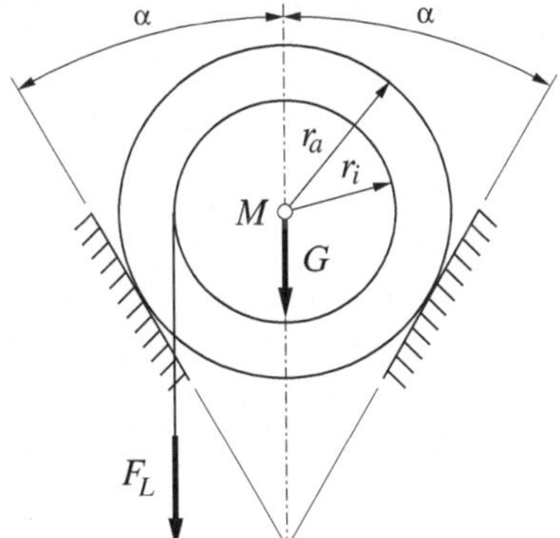

Abb. 7.1.

Geg.: Gewicht: $G = 100$ N; Radienverhältnis: $r_a/r_i = 1,5$; Winkel: $\alpha = 30°$; an den Kontaktstellen von Walze und Nut tritt Haften mit dem gleichen Haftgrenzwinkel $\varrho_h = 15°$ auf.

Ges.: Es ist graphisch der Maximalwert der Kraft F_L so zu bestimmen, daß sich die Walze gerade noch nicht in der Nut dreht. Wie groß sind dann die Normalkräfte von den Wänden auf die Walze?

Lösung

Vor Beginn der graphischen Lösung wird ein geeigneter Kräftemaßstab, beispielsweise $\mu_F = 100$ N/cm, gewählt.

Auf die Walze wirken an den Kontaktstellen die in ihrer Richtung zunächst unbekannten Kräfte F_A und F_B, deren Winkel gegen die jeweilige Berührnormale aber kleiner als der Haftgrenzwinkel oder höchstens diesem gleich sein müssen. Gemäß der Regel (B.4) für das Gleichgewicht dreier Kräfte muß daher die Wirkungslinie der Resultierenden F_R aus G und F_L einen gemeinsamen Schnittpunkt mit den Wirkungslinien von F_A und F_B haben, der innerhalb des schattierten Bereichs liegt (siehe Abb. 7.2). Beim Maximalwert der Kraft F_L geht die Wirkungslinie von F_R durch den Punkt 1, womit bei gegebenem Gewicht G nach der Regel (B.5) die größtmögliche Kraft, $F_{L,max}$, konstruiert werden kann; man findet $F_{L,max} = 300$ N. Mit den nunmehr bekannten Richtungen von F_A und F_B kann der Kräfteplan gezeichnet werden. Die gesuchten Normalkräfte F_{An} und F_{Bn} ergeben sich durch Zerlegen von F_A beziehungsweise F_B in die Komponenten parallel und normal zur jeweiligen Wand.

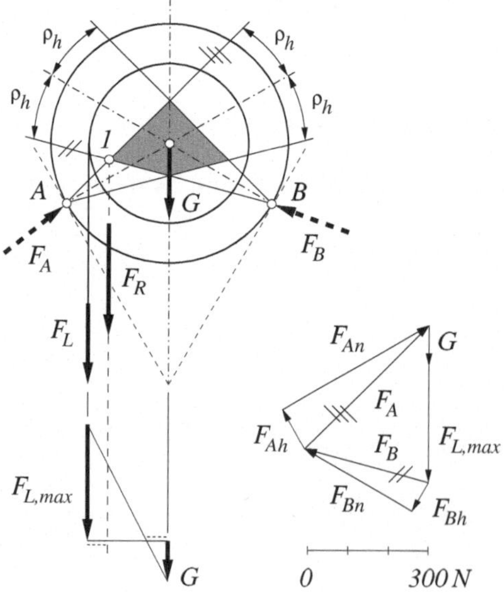

Abb. 7.2.

Wie man dem Kräfteplan entnimmt, zeigen die Tangentialkräfte F_{Ah} und F_{Bh} gegen die Richtung der Drehung der Walze, die bei Überschreiten des ermittelten Maximalwertes $F_{L,max}$ auftreten würde.

8. Haften von Stab und Rolle

Ein durch eine Einzelkraft belasteter Stab ist an einem Ende gelenkig mit einer Walze verbunden und liegt auf der anderen Seite auf einer Kante auf (siehe Abb. 8.1).

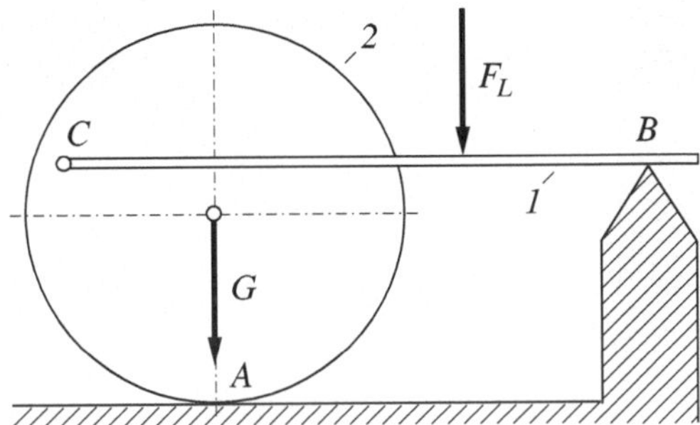

Abb. 8.1.

Geg.: Kraft auf den Stab 1: $F_L = 60$ N; Gewicht der Walze 2: $G = 30$ N; das Gelenk C wird als reibungsfrei vorausgesetzt, in den Punkten A und B tritt Haften mit dem gleichen Haftgrenzwinkel ρ_h auf. Die Skizze ist maßstäblich.

Ges.: Mittels graphischer Behandlung des Problems:

(a) Es sind die Kontaktkräfte in den Punkten A und B sowie der mindestens erforderliche Haftgrenzwinkel $\rho_{h,min}$ für Gleichgewicht zu bestimmen.

(b) Wie weit kann F_L nach links verschoben werden, wenn $\rho_h = \pi/4$ ist und die Anordnung im Gleichgewicht bleiben soll? Ist diese linke Grenzlage vom Betrag der Kraft F_L abhängig?

Lösung

Vor Beginn der graphischen Lösung wird ein geeigneter Kräftemaßstab, beispielsweise $\mu_F = 10$ N/cm, gewählt.

(a) Da in eine Untersuchung des Gleichgewichts des Gesamtsystems die Bedingung der Momentenfreiheit im Gelenk C nicht einginge, sind getrennte Überlegungen für den Stab und die Rolle erforderlich. An der Rolle 2 greifen das Gewicht G (mit bekannter Größe und Wirkungslinie), die Kontaktkraft F_A und die Gelenkkraft F_C an. Von den beiden letzteren ist zunächst nur je ein Punkt der Wirkungslinie, nämlich der jeweilige Angriffspunkt, bekannt. Beachtet man aber, daß die Wirkungslinie von G durch den Punkt A geht, so ergibt sich aus dem Gleichgewicht der drei Kräfte (Regel (B.4)), daß die Wirkungslinie der Kraft F_C

durch die Punkte C und A gehen muß (siehe Abb. 8.2). Mit der Regel (B.4) für den Stab 1 findet man sodann die Wirkungslinie der Kraft F_B als Gerade durch den Punkt B und den Schnittpunkt 3 der Wirkungslinien von F_C und F_L. Damit können nunmehr, beginnend mit jenem für den Stab 1, die Kraftecke für beide Teile der Anordnung gezeichnet werden; es ergibt sich $F_A = 55$ N und $F_B = 43$ N.

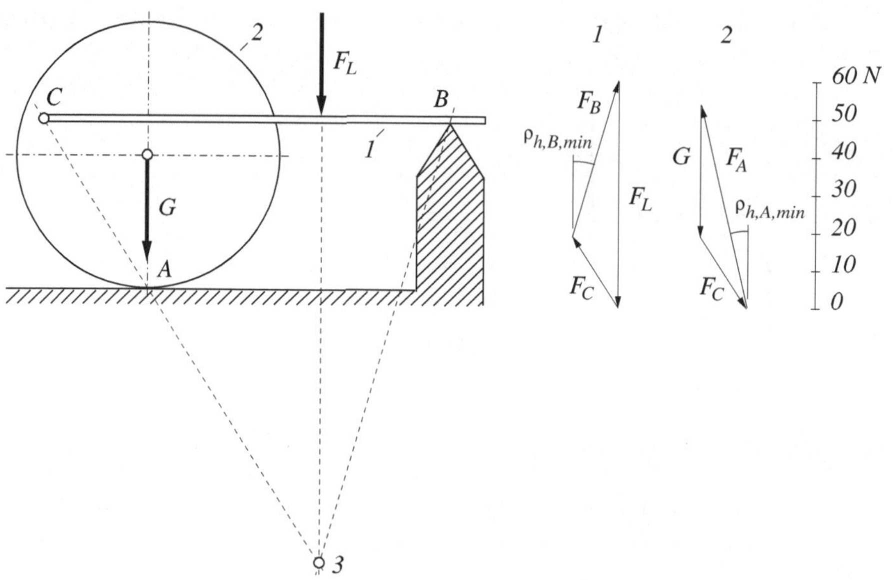

Abb. 8.2.

Im Kräfteplan erkennt man in dem Winkel zwischen der Berührnormale und der Kontaktkraft im Punkt A beziehungsweise Punkt B den jeweiligen mindestens erforderlichen Haftgrenzwinkel $\rho_{h,A,min}$ beziehungsweise $\rho_{h,B,min}$. Da der Haftgrenzwinkel ρ_h in der Angabe als an beiden Stellen gleich groß vorausgesetzt wurde, ist wegen $\rho_{h,A,min} < \rho_{h,B,min}$ der für Gleichgewicht des Gesamtsystems mindestens erforderliche Haftgrenzwinkel $\rho_{h,min} = \rho_{h,B,min} \approx 16°$ (beziehungsweise die mindestens erforderliche Haftgrenzzahl $\mu_{h,min} = \tan \rho_{h,min} \approx 0,287$).

(b) Die Wirkungslinie von F_C ist unabhängig vom Angriffspunkt der Kraft F_L. Befindet sich nun der Stab in B an der Haftgrenze, das heißt, ist die Wirkungslinie der Kraft F_B unter dem Winkel $\rho_h = \pi/4$ gegen die Berührnormale geneigt, so ergibt sich aus dem Schnittpunkt 3' der Wirkungslinien von F_B und F_C die linke Grenzlage von F_L (siehe Abb. 8.3). Wie man sieht, geht in diese Überlegung der Betrag der Kraft F_L nicht ein.

Bemerkung: Der Betrag von F_L beeinflußt zwar die Größe und Richtung von F_A, die Wirkungslinie von F_A bleibt aber stets steiler als die festliegende Wirkungslinie von F_C und damit in diesem Fall steiler als die Wirkungslinie von F_B (siehe auch das Krafteck für die Walze 2 auf Abb. 8.2).

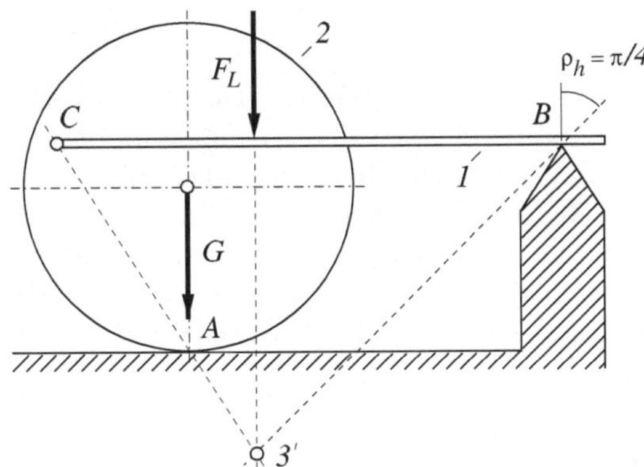

Abb. 8.3.

9. Haltevorrichtung

In einer Haltevorrichtung ist eine Platte mit Hilfe einer kleinen Walze festgeklemmt (siehe Abb. 9.1).

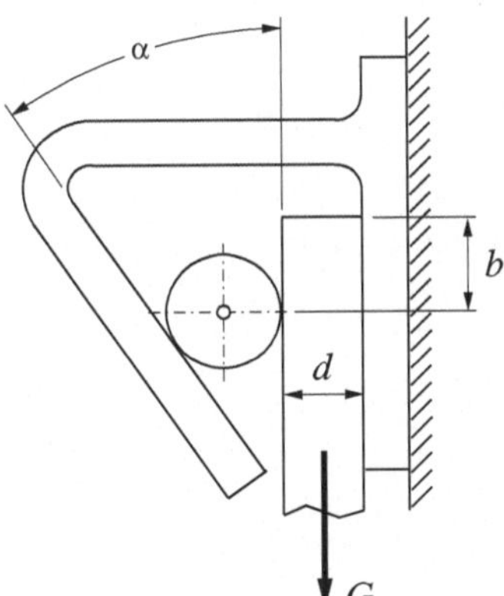

Abb. 9.1.

Geg.: Winkel: α; Plattendicke: d. Das Gewicht G der Platte greift in deren Mittelebene an, die Walze wird als masselos vorausgesetzt.

Ges.: Es sind rechnerisch zu ermitteln:

(a) Der mindestens erforderliche (gleiche) Haftgrenzkoeffizient $\mu_{h,W}$ in den beiden Kontaktpunkten der Walze;

(b) Für ideal glatten Kontakt zwischen Platte und Wand, das heißt $\mu_{h,P} = 0$, der mindestens erforderliche Überstand $b = b_0$ der Platte;

(c) Die untere Schranke für den Haftgrenzkoeffizienten $\mu_{h,P}$ zwischen Platte und Wand für $0 < b < b_0$.

Lösung

Man geht vom vorausgesetzten Gleichgewicht des Systems aus und berechnet an den Berührstellen die Haftkomponenten (Index h) und Normalkomponenten (Index n) der Kontaktkräfte, aus deren Verhältnis dann die kleinstmöglichen Haftgrenzkoeffizienten ermittelt werden; Abb. 9.2 zeigt die Skizze des aufgetrennten Systems. Der Abstand c zum Angriffspunkt C der Kontaktkraft zwischen Platte und Wand ist zunächst unbekannt und errechnet sich erst aus den Gleichgewichtsbedingungen, der Radius r der Walze wird lediglich als Hilfsgröße benötigt und scheint im Ergebnis nicht auf.

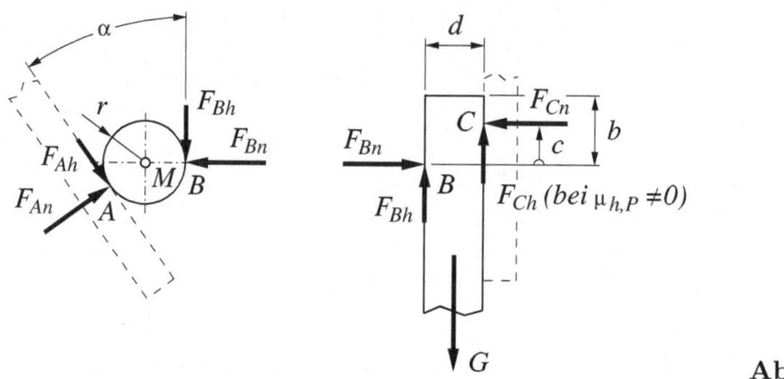

Abb. 9.2.

(a) Die Gleichgewichtsbedingungen (B.3) für die Walze lauten

$$F_{Ah} \sin\alpha + F_{An} \cos\alpha - F_{Bn} = 0, \qquad (9.1)$$

$$-F_{Ah} \cos\alpha + F_{An} \sin\alpha - F_{Bh} = 0, \qquad (9.2)$$

$$r F_{Ah} - r F_{Bh} = 0. \qquad (9.3)$$

Aus Gl. (9.3) folgt unmittelbar

$$F_{Ah} = F_{Bh} \qquad (9.4)$$

und damit aus Gln. (9.1) und (9.2)

$$F_{Ah} = \frac{\sin\alpha}{1+\cos\alpha} F_{An}, \quad F_{Bh} = \frac{\sin\alpha}{1+\cos\alpha} F_{Bn}, \qquad (9.5,6)$$

weshalb wegen Gl. (9.4) auch $F_{An} = F_{Bn}$ ist.

Die Haftbedingung ist dann erfüllt, wenn sowohl $F_{Ah} \leq \mu_{h,W} F_{An}$ als auch $F_{Bh} \leq \mu_{h,W} F_{Bn}$ gilt, woraus sich wegen des identischen Zusammenhangs zwischen Haft- und Normalkomponente in den Punkten A und B für den mindestens erforderlichen Haftgrenzkoeffizienten an den Kontaktstellen der Walze

$$\mu_{h,W} = \frac{\sin\alpha}{1+\cos\alpha} = \tan\frac{\alpha}{2} \qquad (9.7)$$

ergibt; wie man sieht, ist dieser unabhängig vom Gewicht der Platte.

Bemerkung: Da die Walze unter der Wirkung von zwei Kräften im Gleichgewicht ist, müssen diese entgegengesetzt gleich groß sein und dieselbe Wirkungslinie haben, wodurch man im Fall einer graphischen Lösung unmittelbar auf Gl. (9.7) kommt (siehe auch Abb. 9.3).

(b) Die Momentengleichgewichtsbedingung der Platte bezüglich des Punktes C (siehe Abb. 9.2) lautet

$$-dF_{Bh} + cF_{Bn} + \frac{d}{2}G = 0,\tag{9.8}$$

und die Kräftegleichgewichtsbedingung in vertikaler Richtung nimmt für $\mu_{h,P} = 0$, das heißt $F_{Ch} = 0$, die Form

$$F_{Bh} - G = 0\tag{9.9}$$

an. Weil die von der Wand ausgeübte Kraft an einem materiellen Punkt der Platte angreift, muß stets $c \leq b$ gelten, und der mindestens erforderliche Überstand errechnet sich aus $c = b$ für $b = b_0$: Mit den Gln. (9.6) und (9.9) folgt aus Gl. (9.8)

$$b_0 = \frac{\sin\alpha}{2(1 + \cos\alpha)}d = \frac{d}{2}\tan\frac{\alpha}{2}.\tag{9.10}$$

Abbildung 9.3 veranschaulicht diesen Zusammenhang: Bei ideal glattem Kontakt zwischen Platte und Wand und daher horizontaler Kraft, das heißt $F_{Ch} = 0$, ist nur dann Gleichgewicht möglich, wenn der Schnittpunkt 1 der Wirkungslinien der von der Walze übertragenen Kraft und des Gewichts der Platte innerhalb letzterer liegt.

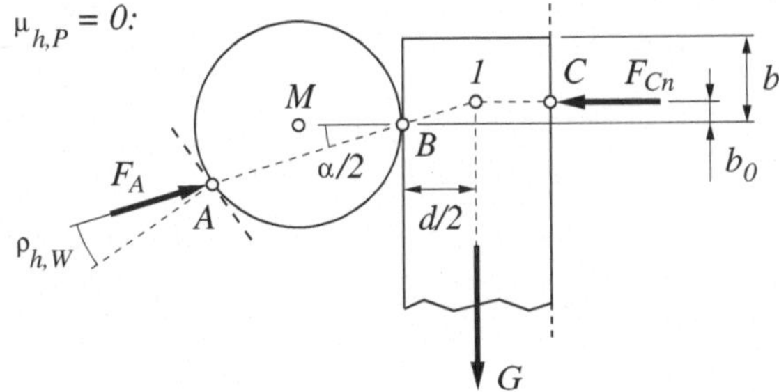

Abb. 9.3.

(c) Wenn für den Überstand $0 < b < b_0$ gilt (siehe Abb. 9.4), so ist Gleichgewicht nur bei Haften zwischen Platte und Wand möglich. Die Momentengleichgewichtsbedingung (9.8) bleibt in diesem Fall unverändert, für das Kräftegleichgewicht der Platte findet man

$$F_{Bh} + F_{Ch} - G = 0,\tag{9.11}$$

$$F_{Bn} - F_{Cn} = 0.\tag{9.12}$$

Der kleinstmögliche Winkel zwischen der Kontaktkraft F_C und der Berührnormale im Punkt C tritt für $b \leq b_0$ dann auf, wenn $c = b$ gilt. Drückt man unter

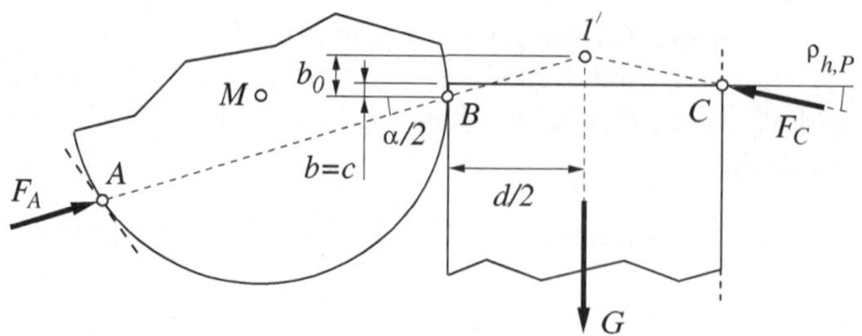

Abb. 9.4.

dieser Voraussetzung G aus Gl. (9.8) aus und setzt in Gl. (9.11) ein, so folgt unter Verwendung von Gl. (9.6) zusammen mit Gl. (9.12)

$$\frac{F_{Ch}}{F_{Cn}} = \frac{\sin\alpha}{1+\cos\alpha} - 2\frac{b}{d}, \tag{9.13}$$

womit sich als untere Schranke für den Haftgrenzkoeffizienten zwischen Wand und Platte

$$\mu_{h,P} = \tan\frac{\alpha}{2} - 2\frac{b}{d} \tag{9.14}$$

ergibt; wie man unter Beachtung von Gl. (9.10) sieht, gilt $\mu_{h,P} \to 0$ für $b \to b_0$.

Da weder $\mu_{h,W}$ noch $\mu_{h,P}$ vom Gewicht G der Platte abhängen, spricht man bei einer solchen Haltevorrichtung von „Selbstsperrung".

Bemerkung: Es wurde vorausgesetzt, daß die Anordnung bei eingeschobener Platte im Gleichgewicht ist und keine Aussage über dessen Zustandekommen gemacht; in der praktischen Ausführung wird das Gleichgewicht durch das Einziehen der Walze in den keilförmigen Spalt erreicht, wobei deren – vergleichsweise geringes – Eigengewicht unterstützend wirkt.

10. Haften einer Rolle

Über eine auf einer schiefen Ebene haftende Rolle ist ein Seil geschlungen, das durch eine Kraft belastet ist (siehe Abb. 10.1).

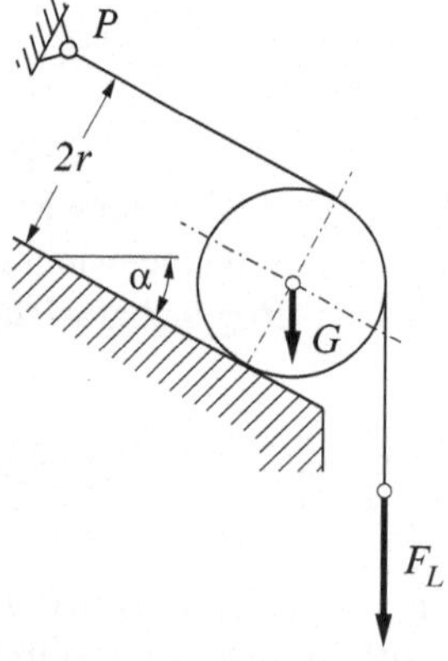

Abb. 10.1.

Geg.: Kräfte: F_L, G; Radius: r; Winkel: α ($< \pi/2$). Das ideale Seil haftet auf der Rolle, die Rolle auf der schiefen Ebene. Der obere Seilabschnitt ist parallel zur schiefen Ebene.

Ges.: Für Gleichgewicht sind zu bestimmen:

(a) Die Auflagerkraft in P;

(b) Der mindestens erforderliche Haftgrenzkoeffizient $\mu_{h,min}$ im Kontaktpunkt von Rolle und schiefer Ebene;

(c) Das Verhältnis F_L/G, das bei ideal glattem Kontakt zwischen Rolle und schiefer Ebene erforderlich ist.

Lösung

(a) Man betrachtet die auf die Rolle wirkenden Kräfte, wobei die Kraft im oberen Seilabschnitt gleich der Auflagerkraft F_P ist (siehe Abb. 10.2).

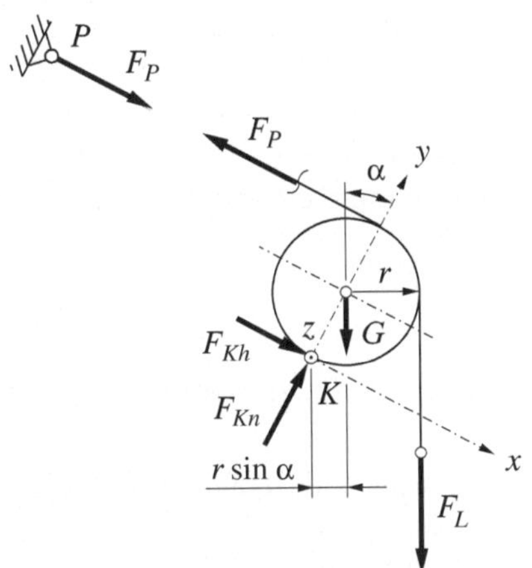

Abb. 10.2.

Aus der Momentengleichgewichtsbedingung bezüglich des Kontaktpunkts K von Rolle und schiefer Ebene,

$$-r(1 + \sin \alpha)F_L + 2rF_P - rG \sin \alpha = 0, \tag{10.1}$$

folgt unmittelbar

$$F_P = \frac{1}{2}\left[(1 + \sin \alpha)\, F_L + G \sin \alpha\right]. \tag{10.2}$$

(b) Zum Ermitteln des minimal erforderlichen Haftgrenzkoeffizienten geht man vom vorausgesetzten Gleichgewicht des Systems aus und berechnet die Haftkomponente F_{Kh} und die Normalkomponente F_{Kn} der Kontaktkraft im Punkt K, aus deren Verhältnis sich dann der gesuchte Mindest-Haftgrenzkoeffizient ergibt.

Die Kräftegleichgewichtsbedingungen in x- und y-Richtung lauten

$$F_{Kh} + (F_L + G)\sin\alpha - F_P = 0, \tag{10.3}$$

$$F_{Kn} - (F_L + G)\cos\alpha = 0, \tag{10.4}$$

woraus man zusammen mit Gl. (10.2)

$$F_{Kh} = \frac{1}{2}\left[F_L - (F_L + G)\sin\alpha\right], \tag{10.5}$$

$$F_{Kn} = (F_L + G)\cos\alpha \tag{10.6}$$

erhält. Aus der Haftbedingung $|F_{Kh}| \leq \mu_h F_{Kn}$ folgt dann für den erforderlichen Haftgrenzkoeffizienten

$$\mu_h \geq \frac{|F_L(1 - \sin\alpha) - G\sin\alpha|}{2(F_L + G)\cos\alpha} \tag{10.7}$$

und somit

$$\mu_{h,min} = \begin{cases} \dfrac{F_L(1 - \sin\alpha) - G\sin\alpha}{2(F_L + G)\cos\alpha} & \text{für} \quad \dfrac{F_L}{G} \geq \dfrac{\sin\alpha}{1 - \sin\alpha} \\[4mm] \dfrac{-F_L(1 - \sin\alpha) + G\sin\alpha}{2(F_L + G)\cos\alpha} & \text{für} \quad \dfrac{F_L}{G} \leq \dfrac{\sin\alpha}{1 - \sin\alpha} \end{cases} \tag{10.8}$$

(c) Damit auch bei ideal glattem Kontakt zwischen Rolle und schiefer Ebene Gleichgewicht möglich ist, muß $F_{Kh} = 0$ gelten. Das dazu erforderliche spezielle Verhältnis F_L/G ergibt sich aus Gl. (10.5) zu

$$\frac{F_L}{G} = \frac{\sin\alpha}{1 - \sin\alpha} \tag{10.9}$$

und stimmt selbstverständlich mit jenem Wert überein, für den nach Gl. (10.8) $\mu_{h,min} = 0$ wird.

Bemerkung: Im Fall $\mu_h = 0$ liefert die Momentengleichgewichtsbedingung bezüglich des Rollenmittelpunkts direkt $F_P = F_L$, und es könnte dann auch die Berührung zwischen Seil und Rolle ideal glatt sein (allerdings sei daran erinnert, daß hier – wie auch in allen übrigen Beispielen – Fragen nach der Stabilität einer Gleichgewichtslage außer Betracht bleiben).

11. Seil auf drei Rollen

Ein Seil, das über drei Rollen geschlungen ist, trägt einen Balken, an dem eine Kraft angreift (siehe Abb. 11.1).

Geg.: Längen: a, b; Rollenradius: r; Haftgrenzkoeffizient zwischen idealem Seil und Rollen: μ_h, Gleitreibungskoeffizient: μ_g $(\mu_h \geq \mu_g)$. Die Kraft F_L greift in der Entfernung x von der Balkenmitte an. Rolle 1 ist reibungsfrei drehbar gelagert, Rolle 2 rotiert mit der (konstanten) Winkelgeschwindigkeit ω im Uhrzeigersinn, und Rolle 3 ist festgehalten.

Ges.: Es ist der Bereich für x zu bestimmen, in welchem Gleichgewicht des Balkens möglich ist.

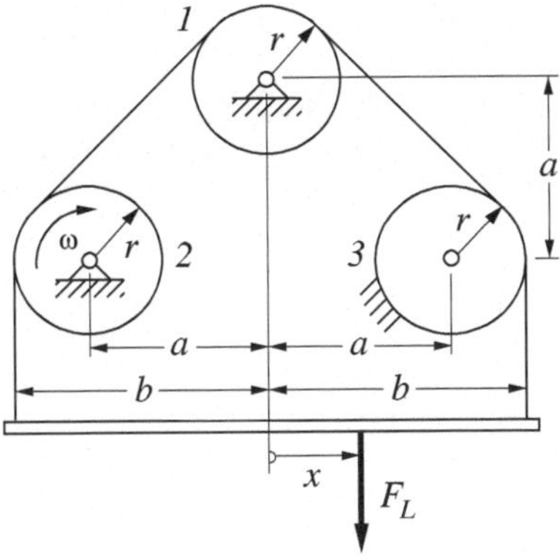

Abb. 11.1.

Lösung

Man trennt das Seil zwischen den übrigen Komponenten der Anordnung auf und trägt die Kräfte ein (siehe Abb. 11.2). Die beiden Grenzlagen $x = x_0$ beziehungsweise $x = x_1$ für die Kraft F_L ergeben sich dadurch, daß sich bei deren Unter- beziehungsweise Überschreitung das Seil nach links beziehungsweise rechts in Bewegung setzt.

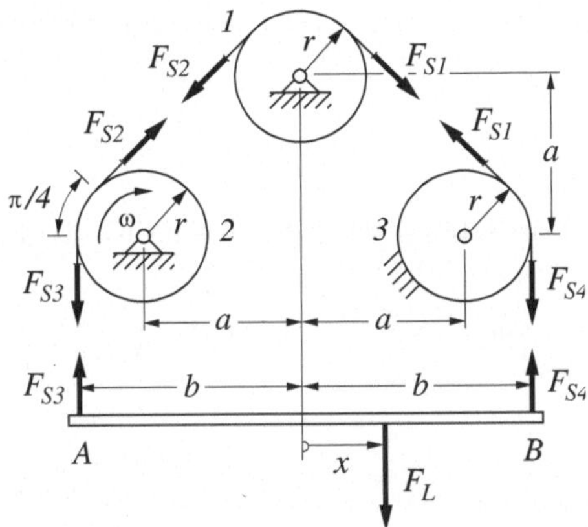

Abb. 11.2.

Das Momentengleichgewicht für die reibungsfrei drehbar gelagerte Rolle 1 bedingt stets

$$F_{S1} = F_{S2}. \tag{11.1}$$

In jedem Fall gleitet auch das Seil (im Kontaktbereich) mit der Relativgeschwindigkeit ωr im Antiuhrzeigersinn über die Rolle 2, so daß

$$F_{S3} = F_{S2}e^{\mu_g \frac{\pi}{4}} \tag{11.2}$$

gilt (siehe Gl. (C.3)). Nur bei der festgehaltenen Rolle 3 unterscheiden sich die beiden Grenzfälle: Gl. (C.4) fordert für das Haften des Seils

$$F_{S1}e^{-\mu_h\frac{\pi}{4}} \le F_{S4} \le F_{S1}e^{\mu_h\frac{\pi}{4}}. \tag{11.3}$$

Diese Gleichungen werden ergänzt durch die Gleichgewichtsbedingungen für den Balken; das notwendige Momentengleichgewicht bezüglich der Punkte A und B liefert unmittelbar

$$F_{S4} = \frac{1}{2}\left(1 + \frac{x}{b}\right)F_L, \quad F_{S3} = \frac{1}{2}\left(1 - \frac{x}{b}\right)F_L. \tag{11.4,5}$$

Aus den Gln. (11.1), (11.2) und (11.5) findet man zunächst

$$F_{S1} = \frac{1}{2}\left(1 - \frac{x}{b}\right)F_L e^{-\mu_g\frac{\pi}{4}}, \tag{11.6}$$

und damit unter Verwendung der Gln. (11.3) und (11.4) die beiden Grenzlagen

$$x_0 = -\frac{1 - e^{-(\mu_h+\mu_g)\frac{\pi}{4}}}{1 + e^{-(\mu_h+\mu_g)\frac{\pi}{4}}}b \;<\; 0, \tag{11.7}$$

$$x_1 = \frac{e^{(\mu_h-\mu_g)\frac{\pi}{4}} - 1}{e^{(\mu_h-\mu_g)\frac{\pi}{4}} + 1}b. \tag{11.8}$$

Die Kraft F_L muß also im Bereich $x_0 \le x \le x_1$ angreifen, damit Gleichgewicht möglich ist; wie man sieht, ist dieser unabhängig vom Betrag der Kraft.

Bemerkung: Setzt man näherungsweise $\mu_h = \mu_g$, so ergibt sich die obere Grenze zu null.

12. Schachtel auf Förderband

Eine quaderförmige Schachtel auf einem Förderband wird durch eine Kante am Ende der Förderstrecke festgehalten (siehe Abb. 12.1).

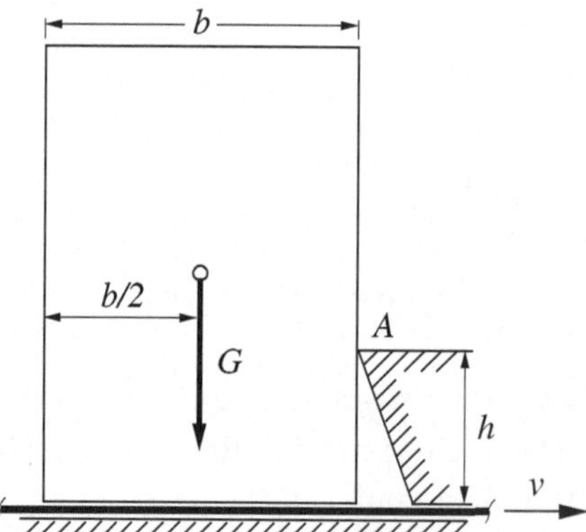

Abb. 12.1.

Geg.: Längen: b, h; Gewicht: $G = 50$ N. Das Förderband wird mit der (konstanten) Geschwindigkeit v unter der Schachtel durchgezogen. An der Kante A tritt ideal glatte Berührung, zwischen der Schachtel und dem Förderband Gleiten mit dem Gleitreibungskoeffizienten μ_g auf. Die Skizze ist maßstäblich.

Ges.: Mittels graphischer und rechnerischer Behandlung des Problems:

(a) Wie groß ist die Kontaktkraft F_A für $\mu_g = 0,3$?

(b) Welche obere Schranke, $\mu_g = \mu_{g,max}$, ergibt sich für den Gleitreibungskoeffizienten, damit die Schachtel im Gleichgewicht sein kann?

Graphische Lösung

Vor Beginn der graphischen Lösung wird ein geeigneter Kräftemaßstab, beispielsweise $\mu_F = 10$ N/cm, gewählt.

(a) Wegen der ideal glatten Berührung in A ist die Wirkungslinie der Kraft F_A normal zur Schachteloberfläche, im vorliegenden Fall daher horizontal (siehe Abb. 12.2). Die Wirkungslinien der drei auf die Schachtel wirkenden Kräfte, nämlich F_A, G und der (als Resultierende einer Spannungsverteilung aufzufassenden) Kontaktkraft F_K vom Förderband auf die Schachtel haben gemäß Regel (B.4) einen gemeinsamen Schnittpunkt, sodaß die Wirkungslinie letzterer Kraft durch den Punkt 1 gehen muß. Der Angriffspunkt 2 von F_K folgt aus der Tatsache, daß die Gleitreibungskraft, das heißt also die Horizontalkomponente von F_K, entgegen der Richtung der Relativgeschwindigkeit v_{rel} der Schachtel gegen das Förderband orientiert sein und wegen (C.2) die Kontaktkraft unter dem Winkel $\rho_g = \arctan \mu_g$ gegen die Berührnormale geneigt sein muß. Es ergibt sich hier $\rho_g \approx 16,7^o$, und aus dem Krafteck findet man dann $F_A = 15$ N.

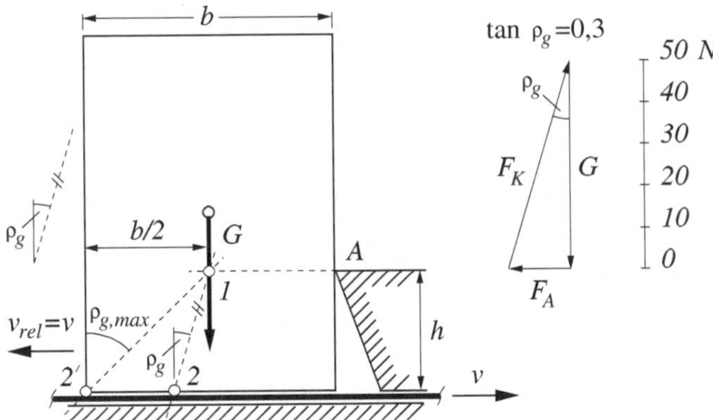

Abb. 12.2.

Bemerkung: Zur praktischen Bestimmung der Wirkungslinie von F_K zeichnet man zweckmäßigerweise an beliebiger Stelle eine – im vorliegenden Fall – unter dem Winkel ρ_g nach rechts gegen die Vertikale geneigte Gerade und verschiebt diese parallel durch den Punkt 1.

(b) Gemäß obigen Überlegungen ist bei größeren Werten von ρ_g der Angriffspunkt 2 von F_K weiter nach links verschoben. Wenn er innerhalb der Kontaktfläche liegt, kann Verlust des Gleichgewichts durch Kippen nicht eintreten; die obere Schranke, $\rho_g = \rho_{g,max}$, ist daher durch das Zusammenfallen des Angriffspunkts mit der Schachtelkante, das heißt, durch den Punkt 2' bestimmt. Es ergibt sich $\rho_{g,max} \approx 45^o$.

Rechnerische Lösung

(a) Die Kontaktkraft F_K von der Unterlage auf die Schachtel greift im zunächst unbekannten Abstand c an und wird in Normalkraft, F_{Kn}, und Gleitreibungskraft, F_{Kg}, zerlegt (siehe Abb. 12.3). Wie bereits bei der graphischen Lösung erwähnt, ist die Gleitreibungskraft entgegen v_{rel} orientiert und muß daher als eingeprägte Kraft mit dem tatsächlichen Richtungssinn in die Skizze eingezeichnet werden. Die Gleichgewichtsbedingungen (B.3) lauten

$$F_{Kg} - F_A = 0, \tag{12.1}$$

$$F_{Kn} - G = 0, \tag{12.2}$$

$$hF_A - c\,G = 0. \tag{12.3}$$

Sie werden ergänzt durch den Zusammenhang (C.2) zwischen Gleitreibungs- und Normalkraft,

$$F_{Kg} = \mu_g F_{Kn}. \tag{12.4}$$

Aus den Gln. (12.1), (12.2) und (12.4) folgt dann unmittelbar

$$F_A = \mu_g G. \tag{12.5}$$

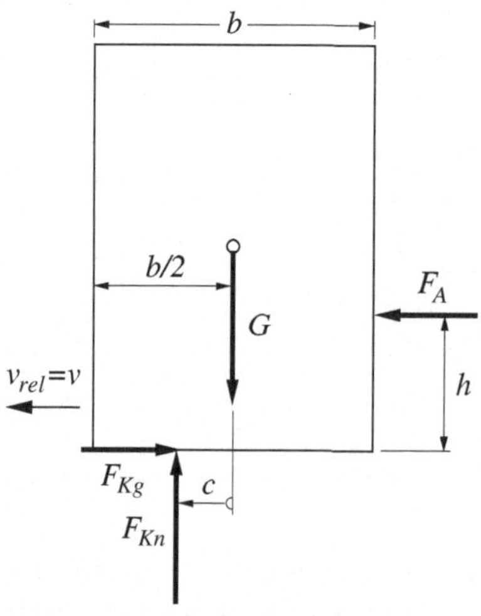

Abb. 12.3.

(b) Unter Berücksichtigung der Beziehung (12.5) findet man für den Abstand c aus Gl. (12.3)

$$c = \mu_g h. \tag{12.6}$$

Gemäß der schon bei der graphischen Lösung angestellten Überlegung ist die obere Schranke des Gleitreibungskoeffizienten durch $c = b/2$ für $\mu_g = \mu_{g,max}$ bestimmt, das heißt also

$$\mu_{g,max} = \frac{b}{2h}. \tag{12.7}$$

Bemerkung: Es wurde vorausgesetzt, daß die Schachtel in der gezeichneten Lage im Gleichgewicht ist und keine Aussage über dessen Zustandekommen gemacht!

13. Von Schneewiesel gezogener Schifahrer

Ein Schneewiesel zieht einen Schifahrer mit konstanter Geschwindigkeit hangaufwärts (siehe Abb. 13.1).

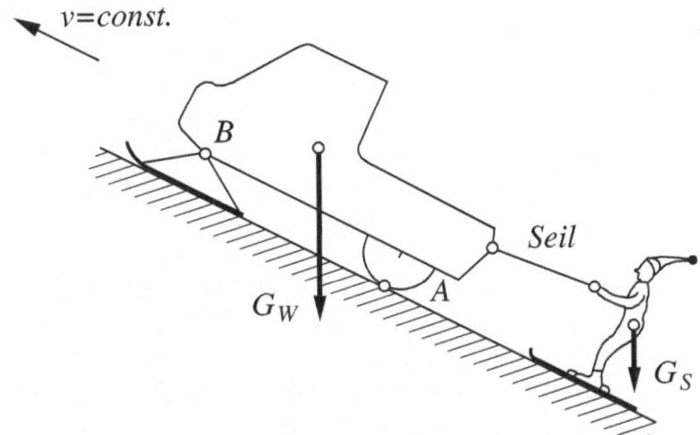

Abb. 13.1.

Geg.: Gewicht des Schifahrers: $G_S = 800$ N; Gewicht des Schneewiesels (Aufbau und Antriebsrad): $G_W = 2700$ N, die Kufe mit dem reibungsfreien Gelenk B wird als gewichtslos betrachtet. Zwischen Schi und Schnee sowie Kufe und Schnee tritt Gleiten mit dem Gleitreibungswinkel $\rho_g = 10^o$ auf, der Haftgrenzwinkel ρ_h im Kontaktpunkt A von Antriebsrad und Schnee beträgt 55°. Die Aufgabe wird als ebenes Problem betrachtet, die Skizze ist maßstäblich.

Ges.: Mittels graphischer Behandlung des Problems:

(a) Wie groß ist die Seilkraft F_S zwischen Schifahrer und Schneewiesel?

(b) Welche Kraft F_B wird im Gelenk B übertragen?

(c) Es ist zu zeigen, daß das Antriebsrad im Punkt A haftet.

Lösung

Da sich Schifahrer und Schneewiesel mit konstanter Geschwindigkeit bewegen, kann das Problem mit den Methoden der Statik behandelt werden. Vor Beginn der graphischen Lösung wird ein geeigneter Kräftemaßstab, beispielsweise $\mu_F = 200$ N/cm, gewählt.

(a) Zunächst wird der Schifahrer allein betrachtet (siehe Abb. 13.2). Dieser muß unter der Wirkung der Seilkraft F_S, des Gewichts G_S und der Kontaktkraft F_{K1} vom Schnee auf den Schi im Gleichgewicht sein (wobei letztere als Resultierende der Normal- und Schubspannungsverteilung am Schi aufzufassen ist). Die Wirkungslinien dieser drei Kräfte haben gemäß Regel (B.4) einen gemeinsamen Schnittpunkt, sodaß die Wirkungslinie von F_{K1} durch den Punkt 1 gehen muß. Der Angriffspunkt der Kontaktkraft ergibt sich daraus, daß die Gleitreibungskraft, also die hangparallele Komponente von F_{K1}, entgegen der Richtung der Relativgeschwindigkeit des Schifahrers gegen den Schnee orientiert sein und wegen (C.2) die Kontaktkraft unter dem Winkel ρ_g gegen die Berührnormale geneigt sein muß. Aus dem Krafteck ergibt sich dann die gesuchte Seilkraft $F_S = 490$ N.

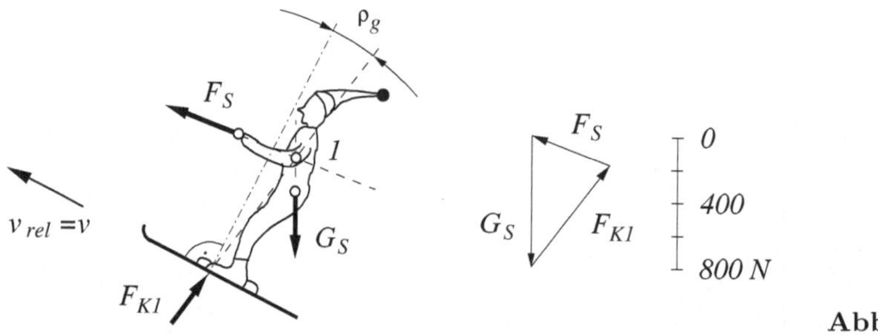

Abb. 13.2.

(b) Das Schneewiesel steht unter der Wirkung von vier Kräften: der bereits ermittelten Seilkraft F_S, des Gewichts G_W, der Kontaktkraft F_A in A und der Kontaktkraft F_{K2} auf die Kufe, die ebenfalls die Resultierende einer Spannungsverteilung darstellt (siehe Abb. 13.3). Die Kräfte F_S und G_W lassen sich zu einer Resultierenden F_R zusammensetzen (ein-gestrichene Gerade), sodaß das Schneewiesel nunmehr unter den drei Kräften F_A, F_{K2} und F_R ins Gleichgewicht zu setzen ist. Den zunächst ebenfalls unbekannten Angriffspunkt von F_{K2} erhält man aus folgender Überlegung: Da auch die Richtung der Gleitgeschwindigkeit der Kufe bekannt ist, ist die Kraftrichtung gleichfalls bekannt, und aus dem Momentengleichgewicht der Kufe bezüglich des Punktes B ergibt sich sofort, daß die Wirkungslinie der Kontaktkraft F_{K2} durch B gehen muß (zwei-gestrichene Gerade auf der linken Teilskizze von Abb. 13.3). Damit ist aber auch die Wirkungslinie der Gelenkkraft F_B bekannt, und es folgt aus der Betrachtung des Aufbaus samt Antriebsrad, daß die Wirkungslinie der Kontaktkraft F_A durch ihren Angriffspunkt A und den Schnittpunkt 2 von F_B und F_R bestimmt ist (drei-gestrichene Gerade). Nun kann im Kräfteplan das Kräftedreieck gezeichnet werden, und man findet für die Gelenkkraft $F_B = 640$ N.

(c) Zum Überprüfen des Haftens des Antriebsrads in A wird dort der gegebene Haftgrenzwinkel $\rho_h = 55^o$ eingezeichnet: Wie man sieht, ist die Wirkungslinie von F_A unter einem kleineren Winkel gegen die Berührnormale geneigt, weshalb die Haftbedingung erfüllt ist.

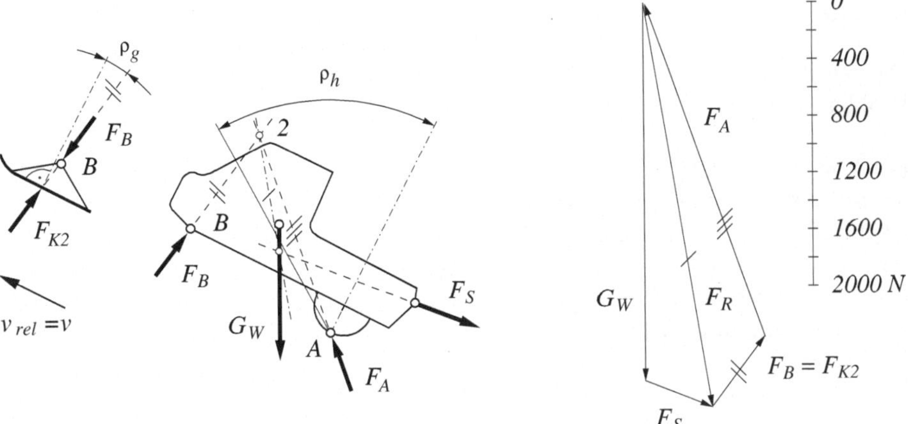

Abb. 13.3.

14. Kettenglied auf rauher Unterlage

Ein schweres Kettenglied wird auf einer rauhen Unterlage mit Hilfe eines Seils gezogen (siehe Abb. 14.1).

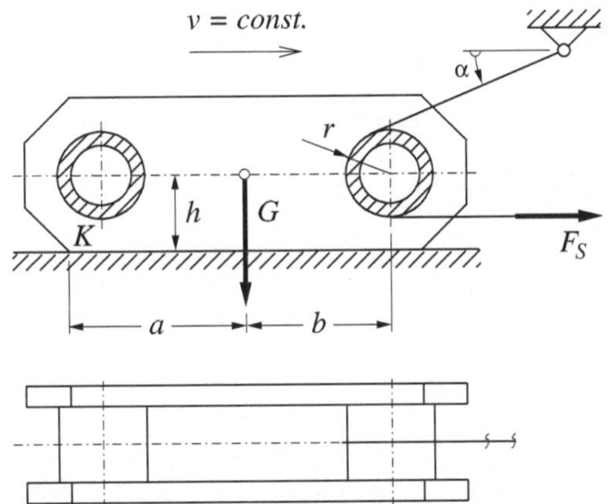

Abb. 14.1.

Geg.: Längen: a, b, h; Radius: r; Gewicht: G; Gleitreibungskoeffizient zwischen Kettenglied und Unterlage: μ_g, zwischen Kettenglied und idealem Seil: μ_s; das Kettenglied soll sich mit $v = const.$ bewegen.

Ges.:

(a) Wie groß muß $F_s(\alpha)$ sein?

(b) Bei welchem Winkel $\alpha = \bar{\alpha}$ hebt das Kettenglied vorne ab und gleitet auf der Kante K weiter?

Lösung

Da sich das Kettenglied mit konstanter Geschwindigkeit bewegen soll, kann das Problem mit den Methoden der Statik behandelt werden.

(a) Vor dem Aufstellen der Gleichgewichtsbedingungen werden in einer Skizze die auf das Kettenglied wirkenden Kräfte eingezeichnet (siehe Abb. 14.2); der Abstand c zum Angriffspunkt B der Kontaktkraft zwischen Kettenglied und Unterlage, die bereits in Normalkomponente, F_{Bn}, und Gleitreibungskomponente, F_{Bg}, zerlegt wurde, ist zunächst unbekannt und ergibt sich erst aus den Gleichgewichtsbedingungen. Diese lauten

$$F_S + F_{S0}\cos\alpha - F_{Bg} = 0, \tag{14.1}$$

$$F_{Bn} + F_{S0}\sin\alpha - G = 0, \tag{14.2}$$

$$-(h-r)F_S - (h+r\cos\alpha)F_{S0}\cos\alpha + (b+c-r\sin\alpha)F_{S0}\sin\alpha - cG = 0, \tag{14.3}$$

wobei (wegen der dann in Gl. (14.3) nicht aufscheinenden Kraftkomponenten F_{Bg} und F_{Bn}) der Punkt B als Bezugspunkt für das Momentengleichgewicht gewählt wurde.

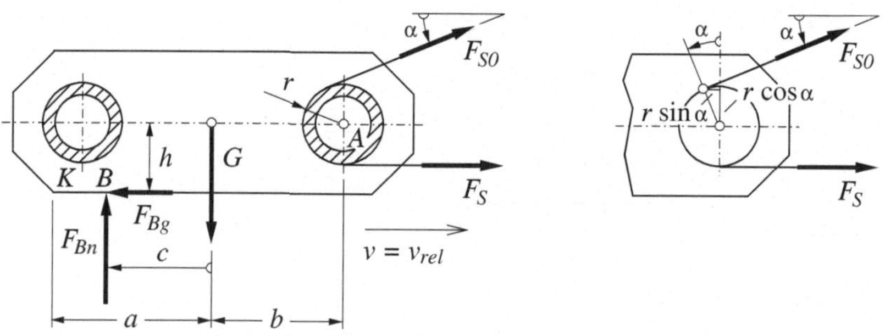

Abb. 14.2.

Da das Seil im Anti-Uhrzeigersinn über den Bolzen gleitet, ist nach Gl. (C.3)

$$F_S = F_{S0}e^{\mu_s(\pi-\alpha)}, \tag{14.4}$$

und unter Berücksichtigung des Zusammenhangs

$$F_{Bg} = \mu_g F_{Bn} \tag{14.5}$$

ergibt sich damit aus den Gln. (14.1) und (14.2)

$$F_S(\alpha) = \frac{\mu_g G}{1 + (\mu_g\sin\alpha + \cos\alpha)e^{-\mu_s(\pi-\alpha)}}. \tag{14.6}$$

(b) Für gegebenen Winkel α ist der Abstand c mit Hilfe von Gl. (14.3) zu ermitteln. Sobald beim Winkel $\alpha = \bar{\alpha}$ der Angriffspunkt B der Kontaktkraft die Kante K erreicht, also $c = a$ gilt, hebt das Kettenglied vorne ab; die Bestimmungsgleichung für den Winkel $\bar{\alpha}$ lautet unter Berücksichtigung der Gln. (14.4) und (14.6) somit

$$1 + e^{\mu_s(\bar{\alpha}-\pi)} \cos \bar{\alpha} - \frac{\mu_g}{a} \left[r - h + e^{\mu_s(\bar{\alpha}-\pi)}(b \sin \bar{\alpha} - h \cos \bar{\alpha} - r) \right] = 0. \quad (14.7)$$

2.3 Schnittgrößen

15. Träger mit Gleichlast

Ein Träger mit gekrümmtem Abschnitt steht unter der Wirkung einer Gleichlast (siehe Abb. 15.1).

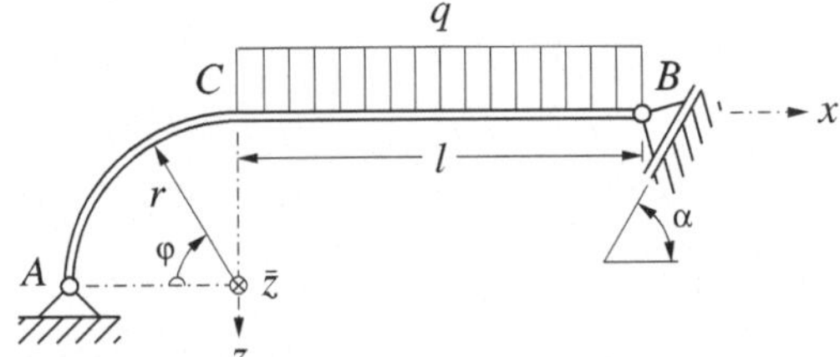

Abb. 15.1.

Geg.: Länge: l; Radius: r; Gleichlast: q. Das Gleitlager B ist unter dem Winkel α gegen die Horizontale geneigt (und es soll $0 \leq \alpha \leq \pi/2$ gelten).

Ges.: Es ist unter Verwendung des Zylinderkoordinatensystems mit den Koordinaten r, φ und $\bar{z}$ im gekrümmten Abschnitt und des kartesischen x-y-z-Koordinatensystems im geraden Abschnitt der Verlauf von Normalkraft, Querkraft und Biegemoment im Träger zu bestimmen.

Lösung

Um zunächst die Auflagerreaktionen zu ermitteln, wird die Gleichlast durch eine äquivalente Einzelkraft der Größe ql in der Mitte des geraden Abschnitts ersetzt (siehe Abb. 15.2). Die Gleichgewichtsbedingungen lauten

$$F_{Ah} - F_B \sin \alpha = 0, \quad (15.1)$$

$$F_{Av} + F_B \cos \alpha - ql = 0, \quad (15.2)$$

$$(l + r)F_B \cos \alpha + rF_B \sin \alpha - \left(\frac{l}{2} + r \right) ql = 0, \quad (15.3)$$

wobei A als Bezugspunkt für das Momentengleichgewicht gewählt wurde. Damit erhält man

$$F_{Ah} = \frac{\frac{l}{2} + r}{(l+r)\cot\alpha + r}\, ql,$$

(15.4)

$$F_{Av} = \frac{\frac{l}{2} + r\tan\alpha}{l + r(1 + \tan\alpha)}\, ql,$$

(15.5)

$$F_{B} = \frac{\frac{l}{2} + r}{(l+r)\cos\alpha + r\sin\alpha}\, ql.$$

(15.6)

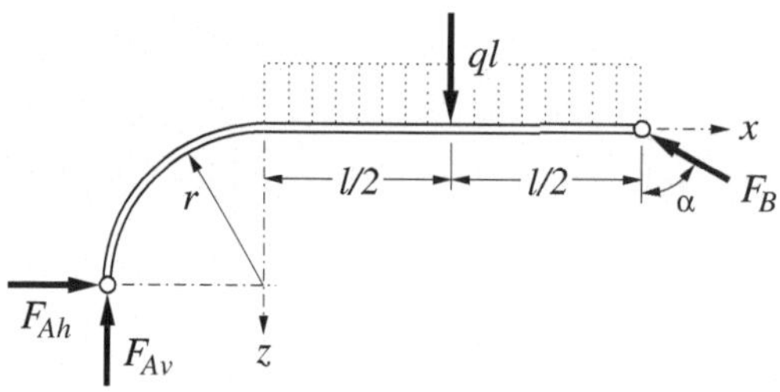

Abb. 15.2.

Bemerkung: Das Ergebnis (15.5) für F_{Av} läßt sich auch direkt durch Anschreiben des Momentengleichgewichts bezüglich des Punktes 1, in das weder F_{Ah} noch F_B eingeht, gewinnen: Wie man aus Abb. 15.3 sieht, gilt

$$-(r + l + r\tan\alpha)F_{Av} + \left(\frac{l}{2} + r\tan\alpha\right)ql = 0.$$

(15.7)

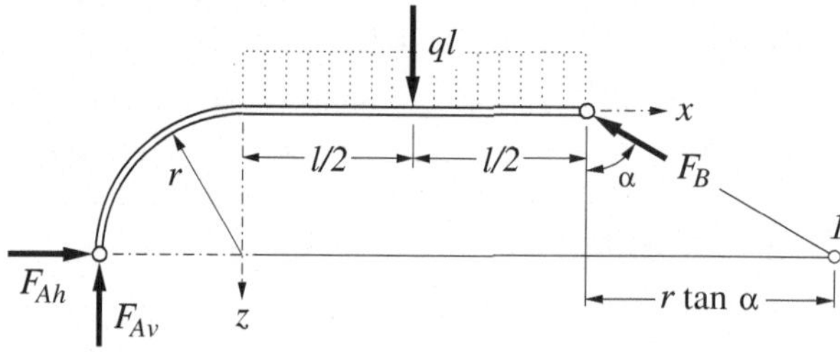

Abb. 15.3.

In analoger Weise kann man aus dem Momentengleichgewicht bezüglich des Schnittpunkts der Wirkungslinien von F_{Av} und F_B direkt F_{Ah} gemäß Gl. (15.4) bestimmen. Dieser Sachverhalt illustriert die Tatsache, daß sich die Kräftegleichgewichtsbedingungen ganz oder teilweise durch Momentengleichgewichtsbedingungen ersetzen lassen. Die Bezugspunkte dreier Momentengleichgewichtsbedingungen bei ebenen Problemen dürfen allerdings nicht auf einer Geraden liegen.

Zum Ermitteln der Schnittgrößen ist der Träger an einer (allgemeinen) Stelle aufgeschnitten zu denken, wobei der gekrümmte und der gerade Abschnitt getrennt zu behandeln sind. Auf Abb. 15.4 sind zunächst die Schnittgrößen in letzterem dargestellt; auf die positiven Richtungen der Schnittgrößen gemäß (D.2) sei hingewiesen. Die eingezeichnete positive Richtung des Biegemoments M_y ergibt sich aus der Verwendung eines kartesischen Rechtssystems, dessen (nicht eingezeichnete) y-Achse aus der Zeichenebene heraus weist. Wie vorher wird die Gleichlast durch eine äquivalente Einzelkraft im jeweiligen Trägerteil ersetzt. Nunmehr können die Normalkraft N_x, die Querkraft Q_z und das Biegemoment M_y mittels der Gleichgewichtsbedingungen für den linken oder rechten Trägerteil ermittelt werden; betrachtet man beispielsweise ersteren, so findet man

$$N_x + F_{Ah} = 0 \quad \Rightarrow \quad N_x = -F_{Ah}, \tag{15.8}$$

$$Q_z + qx - F_{Av} = 0 \quad \Rightarrow \quad Q_z = F_{Av} - qx, \tag{15.9}$$

$$M_y + rF_{Ah} - (r+x)F_{Av} + \frac{x}{2}qx = 0 \quad \Rightarrow$$

$$M_y = -rF_{Ah} + (r+x)F_{Av} - \frac{qx^2}{2}. \tag{15.10}$$

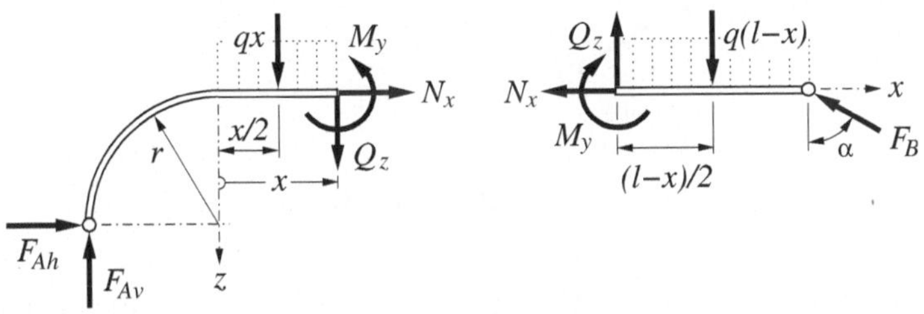

Abb. 15.4.

Zur Illustration soll die Vorgangsweise der Reduktion zum Bestimmen der Schnittgrößen im gekrümmten Abschnitt herangezogen werden (siehe Abb. 15.5). Wird das am linken Trägerteil angreifende Kraftsystem auf das rechte, also hier negative Schnittufer reduziert, so ergibt sich direkt

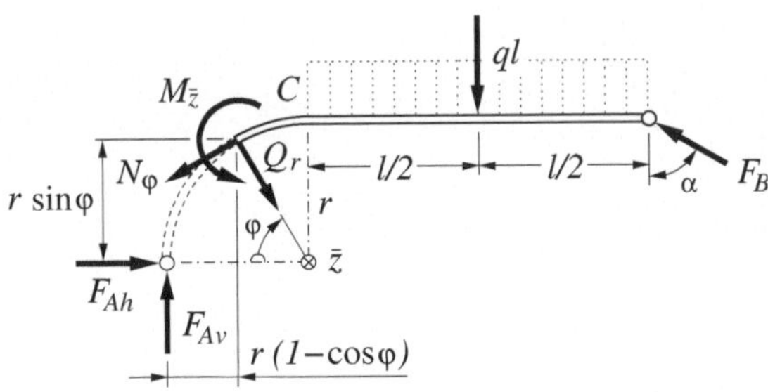

Abb. 15.5.

$$N_\varphi = -F_{Ah} \sin\varphi - F_{Av} \cos\varphi, \tag{15.11}$$

$$Q_r = F_{Ah} \cos\varphi - F_{Av} \sin\varphi, \tag{15.12}$$

$$M_{\bar z} = r \sin\varphi\, F_{Ah} - r(1 - \cos\varphi)F_{Av}. \tag{15.13}$$

Es sei erwähnt, daß an einer bestimmten Stelle des gekrümmten Abschnitts die Querkraft verschwindet, das heißt $Q_r(\varphi^*) = 0$; aus Gl. (15.12) findet man zusammen mit den Gln. (15.4) und (15.5)

$$\varphi^* = \text{arccot} \, \dfrac{\dfrac{l}{2}\cot\alpha + r}{\dfrac{l}{2} + r}. \tag{15.14}$$

Diese Beziehung läßt sich unter Beachtung der Identität $\cot\varphi^* = \tan(\pi/2 - \varphi^*)$ auch anschaulich gemäß Abb. 15.6 interpretieren; wie man sich leicht überlegt, gilt weiters $N_\varphi(\varphi^*) = -F_A$. Im Grenzfall $\alpha \to 0$ fällt der Punkt 2 mit dem Punkt A zusammen.

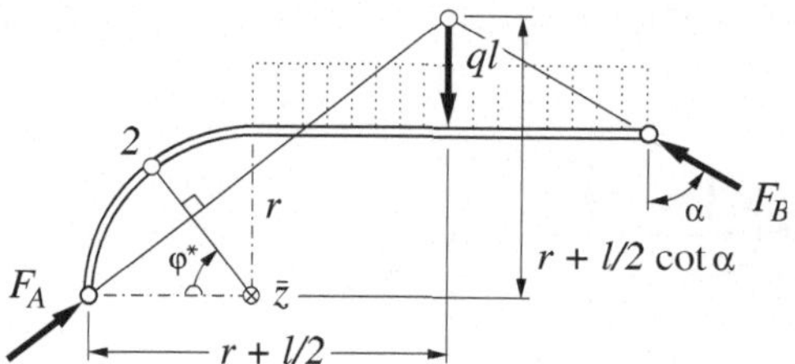

Abb. 15.6.

Bemerkung: Da auch im gekrümmten Abschnitt die positiven Richtungen der Schnittgrößen der Vorzeichenvereinbarung gemäß gewählt wurden, ist an der Stelle C zwar $N_\varphi = N_x$, aber $Q_r = -Q_z$ und $M_{\bar{z}} = -M_y$!

16. Rahmen mit Einzellast

Ein Rahmen steht unter der Wirkung einer Einzellast (siehe Abb. 16.1).

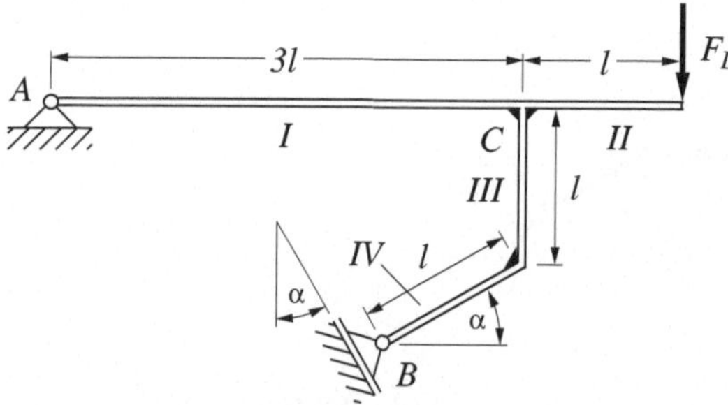

Abb. 16.1.

Geg.: Länge: l; Kraft: F_L. Der Stab IV ist unter dem Winkel α gegen die Horizontale, das Gleitlager B unter dem gleichen Winkel gegen die Vertikale geneigt (und es soll $0 \leq \alpha < \pi/2$ gelten).

Ges.: Es ist der Verlauf von Normalkraft, Querkraft und Biegemoment in den Abschnitten I bis IV des Rahmens zu ermitteln und graphisch darzustellen.

Lösung

Zunächst werden die Auflagerreaktionen bestimmt (siehe Abb. 16.2). Die Gleichgewichtsbedingungen lauten

$$F_{Ah} + F_B \cos\alpha = 0, \tag{16.1}$$

$$F_{Av} + F_B \sin\alpha - F_L = 0, \tag{16.2}$$

$$l(1 + \sin\alpha)F_B \cos\alpha + l(3 - \cos\alpha)F_B \sin\alpha - 4lF_L = 0, \tag{16.3}$$

woraus man

$$F_{Ah} = -\frac{4\cos\alpha}{3\sin\alpha + \cos\alpha}F_L, \tag{16.4}$$

$$F_{Av} = -\frac{\sin\alpha - \cos\alpha}{3\sin\alpha + \cos\alpha}F_L, \tag{16.5}$$

$$F_B = \frac{4}{3\sin\alpha + \cos\alpha}F_L \tag{16.6}$$

erhält (es sei erwähnt, daß die einander aufhebenden Terme $l\sin\alpha\, F_B \cos\alpha$ und $-l\cos\alpha\, F_B \sin\alpha$ im Momentengleichgewicht (16.3) bezüglich des Punktes A nicht aufscheinen, wenn die Kraft F_B längs ihrer Wirkungslinie in den Punkt 1 verschoben wird).

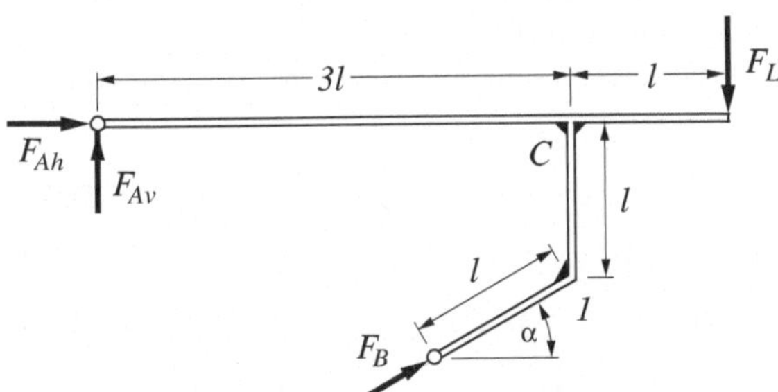

Abb. 16.2.

Bemerkung: Wie aus Gl. (16.5) ersichtlich ist, verschwindet für $\alpha = \pi/4$ die vertikale Auflagerkraftkomponente F_{Av}, da sich dann die Wirkungslinien von F_B, F_L und F_{Ah} in einem Punkt (dem Angriffspunkt von F_L) schneiden.

Zum Ermitteln der Schnittgrößen sind die Rahmenabschnitte I bis IV jeweils gesondert zu betrachten. Abbildung 16.3 zeigt den in den Abschnitten I und II aufgetrennten Rahmen, wobei die positiven Richtungen der Schnittgrößen durch (D.2) gegeben sind. Es ist zweckmäßig, im Abschnitt I das Gleichgewicht des linken Teils zu betrachten, woraus sich

$$N_I + F_{Ah} = 0 \quad \Rightarrow \quad N_I = -F_{Ah}, \tag{16.7}$$

$$Q_I - F_{Av} = 0 \quad \Rightarrow \quad Q_I = F_{Av}, \tag{16.8}$$

$$M_I - x_I F_{Av} = 0 \quad \Rightarrow \quad M_I = x_I F_{Av} \tag{16.9}$$

ergibt. Im Abschnitt II ist es günstiger, die Gleichgewichtsbedingungen für den rechten Teil anzuschreiben, da man dann die Schnittgrößen unmittelbar in Abhängigkeit von der gegebenen Kraft F_L erhält:

$$N_{II} = 0, \tag{16.10}$$

$$-Q_{II} + F_L = 0 \quad \Rightarrow \quad Q_{II} = F_L, \tag{16.11}$$

$$M_{II} + (l - x_{II})F_L = 0 \quad \Rightarrow \quad M_{II} = -(l - x_{II})F_L. \tag{16.12}$$

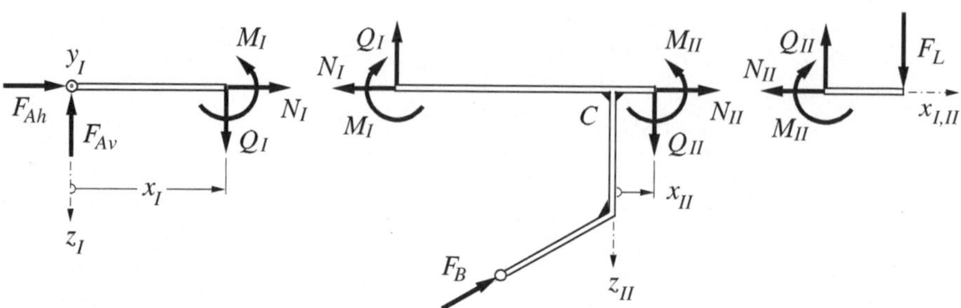

Abb. 16.3.

Den in den Abschnitten III und IV aufgetrennten Rahmen stellt Abb. 16.4 dar. Wird im Abschnitt III die am unteren Teil angreifende Kraft F_B auf das positive Schnittufer reduziert (die Schnittgrößen im Abschnitt IV scheinen hier nicht auf!), so ergibt sich

$$N_{III} = -F_B \sin \alpha, \tag{16.13}$$

$$Q_{III} = -F_B \cos \alpha, \tag{16.14}$$

$$M_{III} = (l - x_{III}) \cos \alpha \, F_B. \tag{16.15}$$

Im Abschnitt IV liefert schließlich Reduktion der Kraft F_B auf das negative Schnittufer

$$N_{IV} = -F_B, \tag{16.16}$$

$$Q_{IV} = 0, \tag{16.17}$$

$$M_{IV} = 0, \tag{16.18}$$

und es ist unmittelbar einsichtig, daß eine Gleichgewichtsbetrachtung etwa des unteren Trägerteils selbstverständlich zum gleichen Ergebnis führt.

Auf Abb. 16.5 wird schließlich der Verlauf der Schnittgrößen auch graphisch veranschaulicht, wobei der gezeichnete Winkel α (etwa $\pi/6$) und $F_L > 0$ vorausgesetzt wurden. Damit ergibt sich $F_{Ah} < 0$ und $F_{Av} > 0$.

Bemerkung: Zur Kontrolle der Ergebnisse kann dienen, daß der Knoten C unter der Wirkung der Schnittkräfte und -momente im Gleichgewicht sein muß (siehe

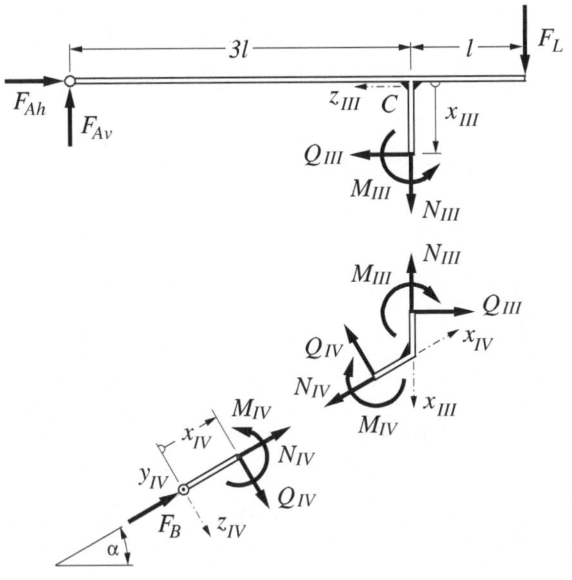

Abb. 16.4.

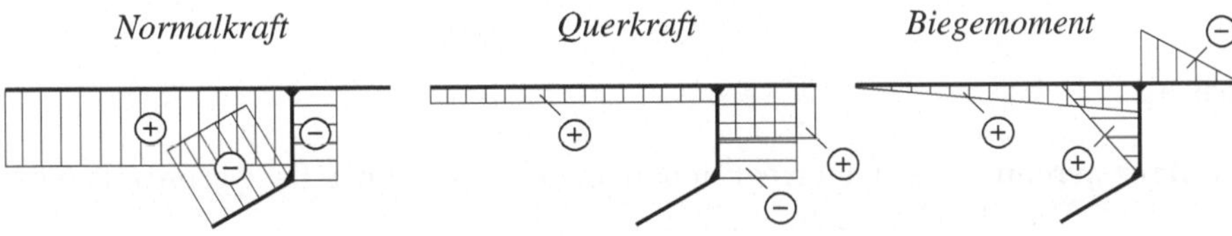

Abb. 16.5.

Abb. 16.6). Wie man sich durch Einsetzen der entsprechenden Größen leicht überzeugt, gilt

$$-N_I + N_{II} - Q_{III} = 0, \qquad (16.19)$$

$$-Q_I + Q_{II} + N_{III} = 0, \qquad (16.20)$$

$$-M_I \big|_{x_I=3l} + M_{II} \big|_{x_{II}=0} + M_{III} \big|_{x_{III}=0} = 0. \qquad (16.21)$$

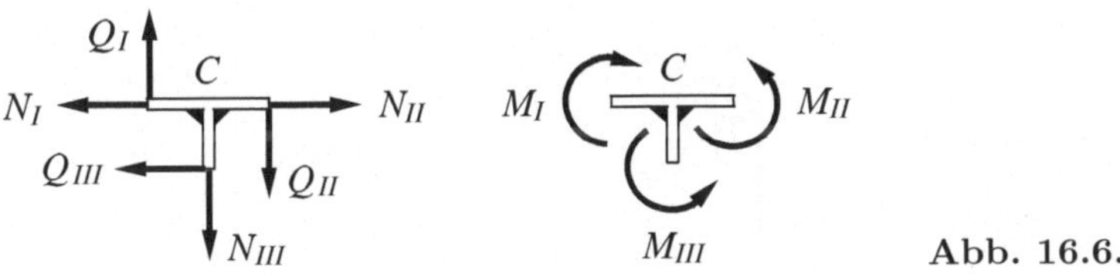

Abb. 16.6.

17. Räumliches Tragwerk

Ein räumliches Tragwerk steht unter der Wirkung eines Moments und einer Einzellast (siehe Abb. 17.1).

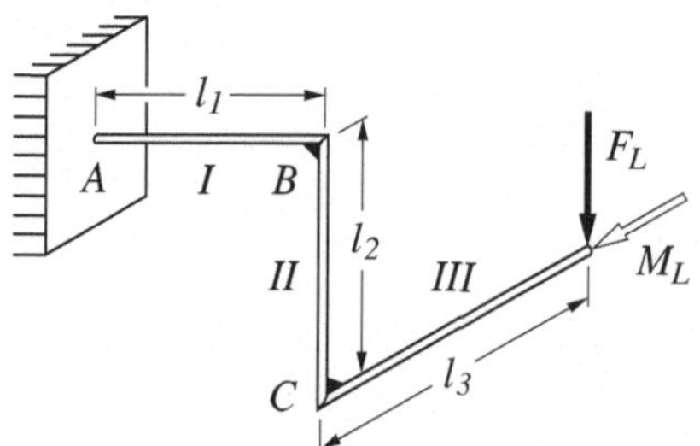

Abb. 17.1.

Geg.: Längen: l_1, l_2, l_3; Kraft: F_L; Moment: M_L. Stäbe I und II sind im Punkt B, Stäbe II und III im Punkt C rechtwinkelig miteinander verschweißt.

Ges.: Es ist der Verlauf von Normalkraft, Querkraft und Biegemoment in den Stäben I bis III zu bestimmen.

Lösung

Als erstes werden die Auflagerreaktionen an der Einspannstelle A ermittelt (siehe Abb. 17.2). Die Gleichgewichtsbedingungen liefern

$$F_{Ax} = 0, \tag{17.1}$$

$$F_{Ay} = 0, \tag{17.2}$$

$$F_{Az} + F_L = 0 \quad \Rightarrow \quad F_{Az} = -F_L, \tag{17.3}$$

$$M_{Ax} - l_3 F_L = 0 \quad \Rightarrow \quad M_{Ax} = l_3 F_L, \tag{17.4}$$

$$M_{Ay} - l_1 F_L + M_L = 0 \quad \Rightarrow \quad M_{Ay} = l_1 F_L - M_L, \tag{17.5}$$

$$M_{Az} = 0. \tag{17.6}$$

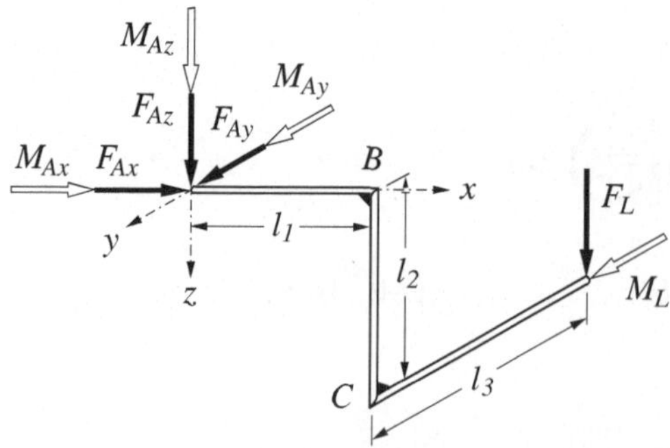

Abb. 17.2.

Um möglichen Verwechslungen infolge der bei der Schnittgrößenbestimmung in
den Stäben II und III verwendeten anderen Koordinatensysteme vorzubeugen,
werden die nichtverschwindenden Auflagerreaktionen in A im weiteren anders
benannt, $F_{Az} := F_{Av}$, $M_{Ax} := M_{AT}$ und $M_{Ay} := M_{AB}$, und es werden in den
folgenden Skizzen nur noch diese eingezeichnet.

Das zum Ermitteln der Schnittgrößen im Stab I aufgetrennte Tragwerk zeigt
Abb. 17.3; die positiven Richtungen der Schnittgrößen sind dabei durch (D.1)
gegeben.

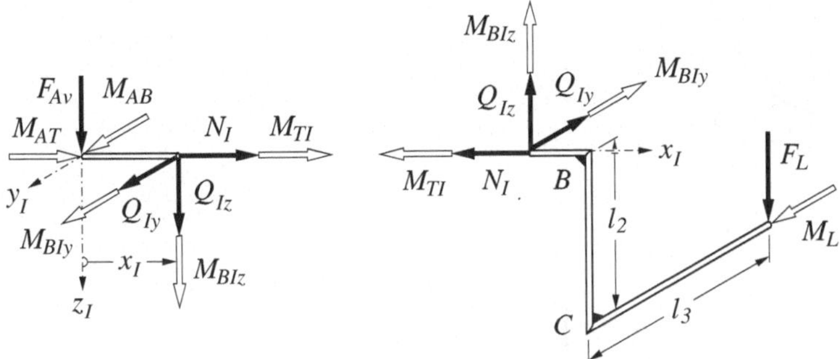

Abb. 17.3.

Es ist zweckmäßig, das Gleichgewicht des linken Teils zu betrachten, woraus
sich

$$N_I = 0, \tag{17.7}$$

$$Q_{Iy} = 0, \tag{17.8}$$

$$Q_{Iz} + F_{Av} = 0 \quad \Rightarrow \quad Q_{Iz} = F_L, \tag{17.9}$$

$$M_{TI} + M_{AT} = 0 \quad \Rightarrow \quad M_{TI} = -l_3 F_L, \tag{17.10}$$

$$M_{BIy} + x_I F_{Av} + M_{AB} = 0 \quad \Rightarrow \quad M_{BIy} = -(l_1 - x_I)F_L + M_L, \tag{17.11}$$

$$M_{BIz} = 0 \tag{17.12}$$

ergibt.

Bemerkung: Wie man etwa aus den Gln. (17.9) und (17.10) erkennt, haben –
bei gleichen positiven Zählrichtungen – die Auflagerreaktionen zu den jeweiligen
Schnittgrößen an der Einspannstelle entgegengesetzte Vorzeichen (bei gleichen
Beträgen), da die Normalenvektoren des Endquerschnitts und der Schnittfläche
entgegengesetzt orientiert sind.

Im Stab II können beispielsweise die gegebenen Belastungen, F_L und M_L,
auf das positive Schnittufer reduziert werden (siehe Abb. 17.4),

$$N_{II} = F_L, \tag{17.13}$$

$$Q_{IIy} = 0, \tag{17.14}$$

$$Q_{IIz} = 0, \tag{17.15}$$

$$M_{TII} = 0, \qquad (17.16)$$
$$M_{BIIy} = M_L, \qquad (17.17)$$
$$M_{BIIz} = l_3 F_L, \qquad (17.18)$$

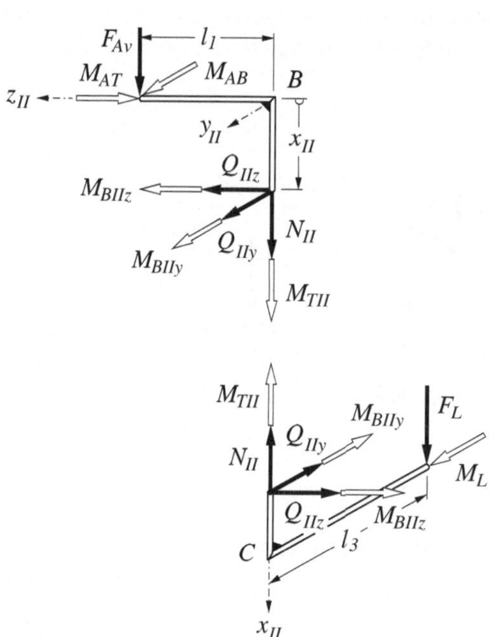

Abb. 17.4.

und die analoge Vorgangsweise für Stab III (siehe Abb. 17.5) liefert

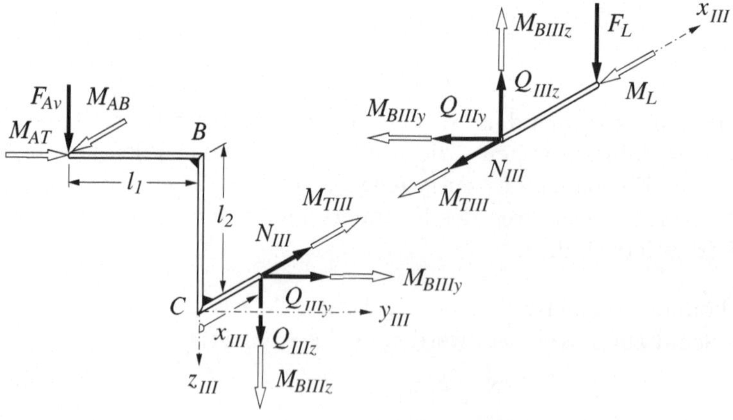

Abb. 17.5.

$$N_{III} = 0, \qquad (17.19)$$
$$Q_{IIIy} = 0, \qquad (17.20)$$
$$Q_{IIIz} = F_L, \qquad (17.21)$$

$$M_{TIII} = -M_L, \qquad (17.22)$$
$$M_{BIIIy} = -(l_3 - x_{III})F_L, \qquad (17.23)$$
$$M_{BIIIz} = 0. \qquad (17.24)$$

2.4 Trägheitsmomente

18. Trägerprofil

Das Profil eines Trägers hat die auf Abb. 18.1 dargestellte Form.

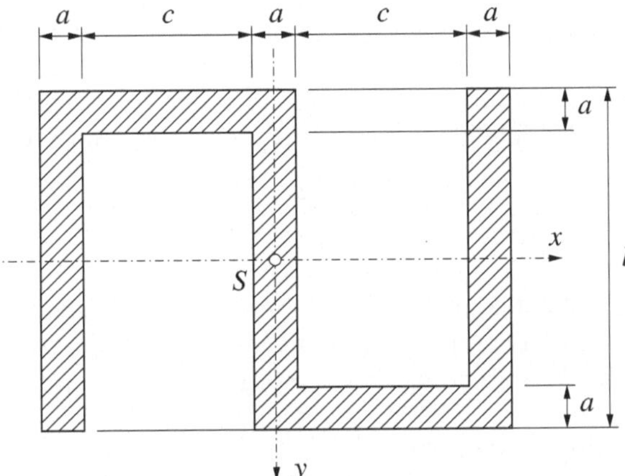

Abb. 18.1.

Geg.: Längen: a, b, c

Ges.: Es sind die Flächenträgheitsmomente J_x und J_y sowie das Flächendeviationsmoment J_{xy} bezüglich des x-y-Systems mit dem Ursprung im Flächenschwerpunkt S zu ermitteln.

Lösung

Zum Bestimmen der Flächenträgheitsmomente kann die Fläche in unterschiedlicher Weise in Teilflächen zerlegt werden, wobei sich die Art der Zerlegung selbstverständlich nicht auf das Ergebnis auswirkt.

Eine Möglichkeit ist es, sie als Aneinanderreihung von Rechtecken aufzufassen (siehe Abb. 18.2).

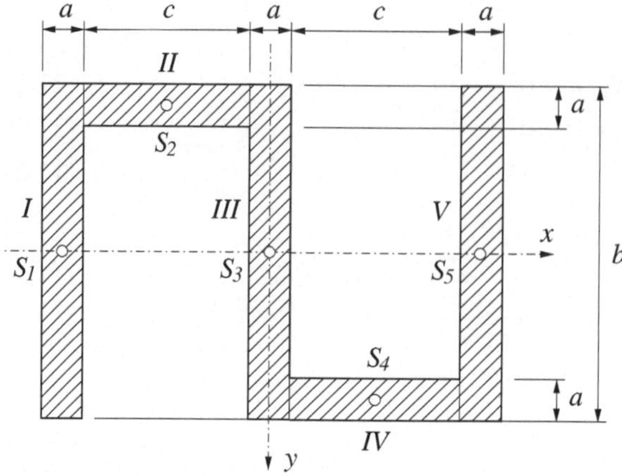

Abb. 18.2.

Da die x-Achse eine Schwerachse für jedes der Rechtecke I, III und V mit den Schwerpunkten S_1, S_3 beziehungsweise S_5 ist, gilt gemäß Gl. (F.19):

$$J_{Ix} = J_{IIIx} = J_{Vx} = \frac{1}{12} ab^3. \tag{18.1}$$

Das Berechnen der Flächenträgheitsmomente J_{IIx} und J_{IVx} der Rechtecke II beziehungsweise IV erfolgt unter Zuhilfenahme des Steinerschen Satzes (F.17):

$$J_{IIx} = J_{IVx} = \frac{1}{12} ca^3 + \left(\frac{b}{2} - \frac{a}{2} \right)^2 ca, \tag{18.2}$$

wobei der erste Summand das Flächenträgheitsmoment bezüglich der jeweiligen Rechteckschwerachse darstellt und der zweite Summand aus dem Produkt des quadrierten Normalabstands von S_2 beziehungsweise S_4 zur x-Achse und der Rechteckfläche besteht.

Insgesamt ergibt sich dann durch Aufaddieren

$$J_x = 3 \left(\frac{ab^3}{12} \right) + 2 \left[\frac{ca^3}{12} + \left(\frac{b}{2} - \frac{a}{2} \right)^2 ca \right]$$
$$= \frac{2}{3} a^3 c - a^2 bc + \frac{1}{2} ab^2 c + \frac{1}{4} ab^3. \tag{18.3}$$

Zur Illustration soll zum Bestimmen des Flächenträgheitsmoments J_y eine andere, nämlich die auf Abb. 18.3 dargestellte Zerlegungsmöglichkeit gewählt werden: Sie besteht aus einem der Außenumrandung entsprechenden Rechteck mit Schwerpunkt $S_0 = S$, aus dem zwei (schraffiert eingezeichnete) Rechtecke mit den Schwerpunkten S_6 beziehungsweise S_7 herausgeschnitten gedacht werden, deren Flächenträgheitsmomente demgemäß als Summanden mit negativen Vorzeichen zu berücksichtigen sind. Unter Beachtung des Steinerschen Satzes findet man

$$J_y = \frac{1}{12}b(3a+2c)^3 - 2\left[\frac{1}{12}(b-a)c^3 + \left(\frac{a}{2}+\frac{c}{2}\right)^2(b-a)c\right]$$

$$= \frac{9}{4}a^3b + \frac{1}{2}a^3c + 4a^2bc + a^2c^2 + 2abc^2 + \frac{2}{3}ac^3. \tag{18.4}$$

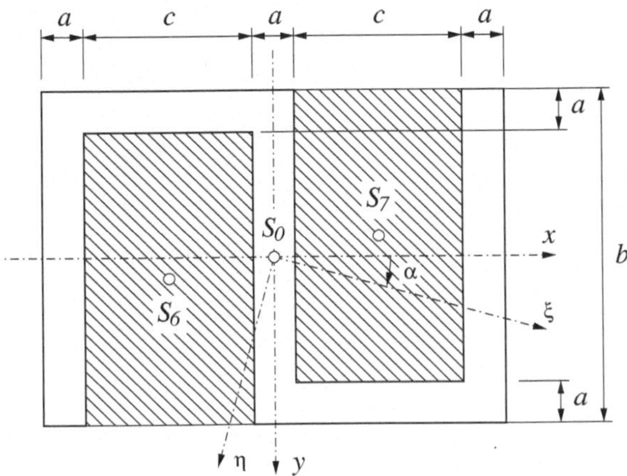

Abb. 18.3.

Bemerkung: Würde etwa J_x nach der auf Abb. 18.3 dargestellten Zerlegung berechnet, so ergäbe sich $J_x = (3a+2c)b^3/12 - 2[c(b-a)^3/12 + (a/2)^2c(b-a)]$ und damit das gleiche Ergebnis wie in Gl. (18.3); Analoges gilt selbstverständlich für eine Berechnung von J_y gemäß der Zerlegung nach Abb. 18.2.

Die Flächendeviationsmomente der Rechtecke bezüglich zur x- und y-Achse paralleler Achsen durch die jeweiligen Teilschwerpunkte sind null. Bei der Zerlegung nach Abb. 18.2 liefert der Steinersche Satz nur für die Rechtecke *II* und *IV* Beiträge zu J_{xy},

$$J_{xy} = 2\left(\frac{a}{2}+\frac{c}{2}\right)\left(\frac{b}{2}-\frac{a}{2}\right)ca$$

$$= \frac{1}{2}(-a^3c + a^2bc - a^2c^2 + abc^2). \tag{18.5}$$

Bemerkung: Die Trägheitshauptachsen ξ und η sowie die zugehörigen Hauptflächenträgheitsmomente findet man durch Bestimmen der Eigenwerte des Trägheitstensors (bezüglich Details sei auf einschlägige Lehrbücher verwiesen). Für den Winkel α, unter dem die Trägheitshauptachsen ξ und η mathematisch positiv gegen die x- beziehungsweise y-Achse verdreht sind, gilt

$$\tan 2\alpha = \frac{2J_{xy}}{J_y - J_x}, \tag{18.6}$$

woraus man dann mittels der (für beliebige Winkel α gültigen) Beziehungen

$$J_\xi = \frac{1}{2}(J_x + J_y) + \frac{1}{2}(J_x - J_y)\cos 2\alpha - J_{xy}\sin 2\alpha, \qquad (18.7)$$

$$J_\eta = \frac{1}{2}(J_x + J_y) - \frac{1}{2}(J_x - J_y)\cos 2\alpha + J_{xy}\sin 2\alpha \qquad (18.8)$$

die zugehörigen Hauptflächenträgheitsmomente erhält. Zur Kontrolle des Ergebnisses kann dienen, daß die Summe der beiden axialen Flächenträgheitsmomente bezüglich zueinander orthogonaler Achsen stets konstant ist, somit auch gemäß Gl. (F.14) $J_p = J_x + J_y = J_\xi + J_\eta$ gilt. Für die in der Darstellung gewählten Proportionen des Profils nehmen die Trägheitshauptachsen die auf Abb. 18.3 gezeichnete Lage an.

19. Y-förmiges Trägerprofil

Ein Träger besteht aus drei miteinander verschweißten gleichen Stäben von rechteckigem Querschnitt (siehe Abb. 19.1).

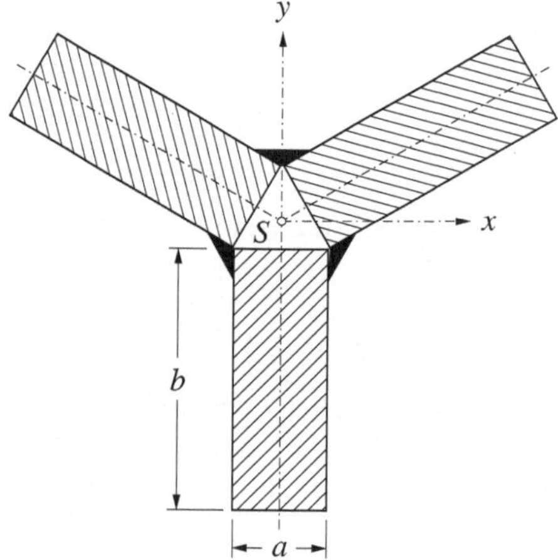

Abb. 19.1.

Geg.: Längen: a, b. Die Stäbe sind um jeweils $2\pi/3$ gegeneinander verdreht.

Ges.: Es sind die Flächenträgheits- und Widerstandsmomente bezüglich des x-y-Systems mit dem Ursprung im Flächenschwerpunkt S zu bestimmen, wobei die Schweißnähte näherungsweise unberücksichtigt bleiben.

Lösung

Zum Berechnen der Flächenträgheitsmomente können zweckmäßigerweise die Symmetrieeigenschaften des Profils ausgenützt werden. Kommt – wie im vorliegenden Fall – eine Fläche nach einer Drehung (in der x-y-Ebene) durch einen Winkel $\varphi < \pi$ um den Flächenschwerpunkt S wieder mit sich selbst zur Deckung, so sind alle in der x-y-Ebene liegenden Achsen durch S Trägheitshauptachsen, und die zugehörigen Flächenträgheitsmomente sind gleich: Somit ist

$$J_x = J_y = J. \tag{19.1}$$

Da für das polare Flächenträgheitsmoment nach Gl. (F.14) $J_p = J_x + J_y$ gilt, findet man für jedes der drei gleichen Rechtecke bezüglich einer zur z-Achse parallelen Achse durch den jeweiligen Flächenschwerpunkt

$$J_{p,S_{R,Rechteck}} = (ab^3 + ba^3)/12 \tag{19.2}$$

und damit unter Zuhilfenahme des Steinerschen Satzes (F.17) und der geometrischen Beziehungen gemäß Abb. 19.2

$$J = \frac{1}{2}J_p = \frac{1}{2}\left\{3\left[J_{p,S_R,Rechteck} + \left(\frac{b}{2} + \frac{\sqrt{3}}{6}a\right)^2 ab\right]\right\}$$
$$= \frac{1}{4}a^3b + \frac{\sqrt{3}}{4}a^2b^2 + \frac{1}{2}ab^3. \tag{19.3}$$

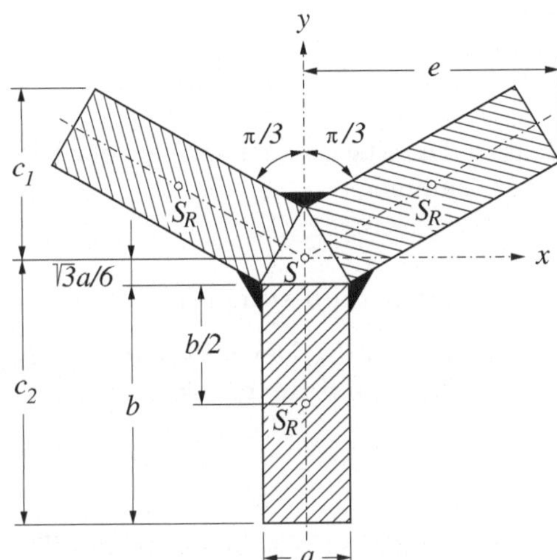

Abb. 19.2.

Die Widerstandsmomente (siehe Gl. (F.21)) bezüglich der x-Achse ergeben sich zu

$$W_{x1} = \frac{J_x}{c_1}, \qquad W_{x2} = \frac{J_x}{c_2} \tag{19.4,5}$$

mit den Randabständen

$$c_1 = \frac{\sqrt{3}}{3}a + \frac{1}{2}b, \qquad c_2 = \frac{\sqrt{3}}{6}a + b, \tag{19.6,7}$$

die Widerstandsmomente bezüglich der y-Achse sind beide gleich und lauten

$$W_{y,1} = W_{y,2} = \frac{J_y}{e} \tag{19.8}$$

mit

$$e = \frac{1}{2}a + \frac{\sqrt{3}}{2}b \,. \tag{19.9}$$

20. Dünnes Blechstück

Ein homogenes dünnes Blechstück hat die auf Abb. 20.1 dargestellte Form.

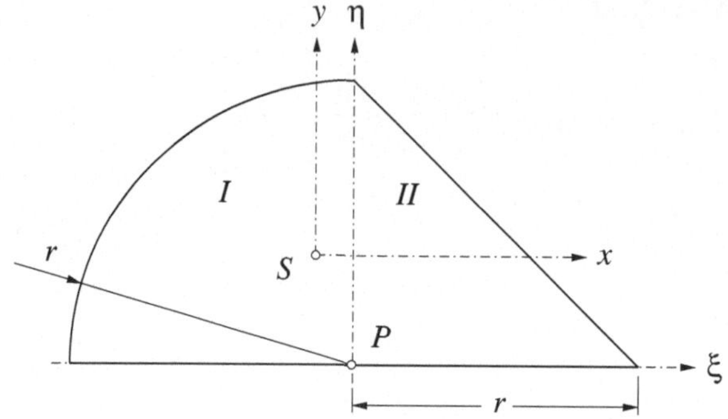

Abb. 20.1.

Geg.: Länge: r; Masse pro Flächeneinheit: $\bar{\varrho}$. Die Fläche setzt sich aus der Viertelkreisfläche I und der Dreiecksfläche II zusammen.

Ges.:

(a) Es sind die Schwerpunktkoordinaten ξ_s und η_s zu bestimmen.

(b) Wie groß sind die Trägheitsmomente I_x, I_y und das Deviationsmoment I_{xy} bezüglich des x-y-Systems mit dem Ursprung im Schwerpunkt S?

Lösung

(a) Die Schwerpunktkoordinaten werden zweckmäßigerweise mit Hilfe des Teilschwerpunktsatzes (E.5) für die Teilstücke I und II ermittelt.

Zu dessen Anwendung ist jedoch zunächst die Kenntnis der Lage des Schwerpunkts S_I der Viertelkreisfläche I erforderlich. Diese läßt sich etwa mit Hilfe der Guldinschen Regel (E.3) bestimmen. Die Drehung der erzeugenden Viertelkreisfläche (eV auf Abb. 20.2) durch den Winkel 2π um die η-Achse erzeugt eine Halbkugel, so daß sich unter Verwendung des bekannten Volumens einer Kugel, $V_K = 4\pi r^3/3$, die Beziehung

$$(2\pi a_I) \cdot \left(\frac{\pi}{4}r^2\right) = \frac{1}{2}\left(\frac{4\pi}{3}r^3\right) \tag{20.1}$$

und damit der Abstand

$$a_I = \frac{4}{3\pi}r \tag{20.2}$$

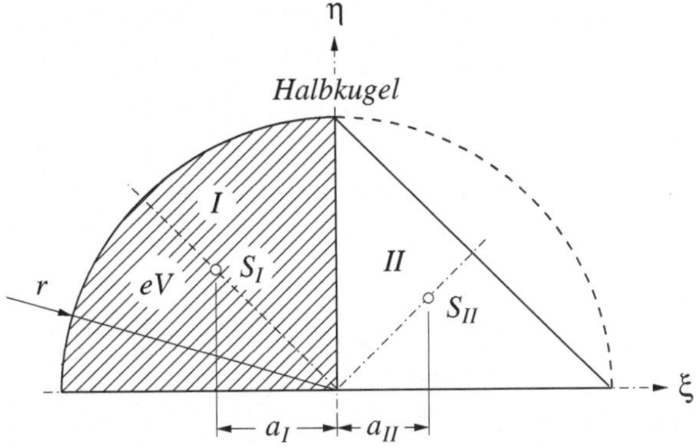

Abb. 20.2.

ergibt. Aus Symmetriegründen ist der Abstand des Schwerpunkts S_I von der ξ-Achse ebensogroß.

Für den Schwerpunktabstand der Dreiecksfläche gilt

$$a_{II} = \frac{1}{3}r, \tag{20.3}$$

und somit liefert – da die Masse pro Flächeneinheit konstant ist – der Teilschwerpunktsatz

$$\xi_s = \frac{\left(-\dfrac{4}{3\pi}r\right)\left(\dfrac{\pi}{4}r^2\bar{\varrho}\right) + \left(\dfrac{1}{3}r\right)\left(\dfrac{1}{2}r^2\bar{\varrho}\right)}{\left(\dfrac{\pi}{4}r^2 + \dfrac{1}{2}r^2\right)\bar{\varrho}} = -\frac{2}{3(2+\pi)}r, \tag{20.4}$$

$$\eta_s = \frac{\left(\dfrac{4}{3\pi}r\right)\left(\dfrac{\pi}{4}r^2\bar{\varrho}\right) + \left(\dfrac{1}{3}r\right)\left(\dfrac{1}{2}r^2\bar{\varrho}\right)}{\left(\dfrac{\pi}{4}r^2 + \dfrac{1}{2}r^2\right)\bar{\varrho}} = \frac{2}{2+\pi}r. \tag{20.5}$$

(b) Weil das Blechstück näherungsweise als massebelegte Fläche betrachtet werden kann, ergeben sich die Massenträgheits- und -deviationsmomente als Produkte der Flächenträgheits- und -deviationsmomente und $\bar{\varrho}$.

Da die Trägheitsmomente I_ξ beziehungsweise I_η in einfacher Weise zu bestimmen sind, ist es zweckmäßig, zuerst diese zu berechnen und dann jene bezüglich der x- beziehungsweise y-Achse mit Hilfe des Steinerschen Satzes zu ermitteln (es sei angemerkt, daß $x_P = -\xi_S$ und $y_P = -\eta_S$ gilt). Wird die Viertelkreisfläche I zu einer Vollkreisfläche ergänzt gedacht und die Dreiecksfläche II zu einer um $\pi/4$ verdrehten Quadratfläche mit der Kantenlänge $\sqrt{2}r$, so ergibt sich unter Verwendung der Beziehungen (F.18) und (F.19)

$$I_\xi = I_\eta = \frac{1}{4}\left(\frac{\pi}{4}r^4 + \frac{4}{12}r^4\right)\bar{\varrho} = \left(\frac{\pi}{16} + \frac{1}{12}\right)r^4\bar{\varrho}. \tag{20.6}$$

Mit dem Steinerschen Satz (F.6) folgen aus den Gln. (20.4) bis (20.6) dann die gesuchten Trägheitsmomente

$$I_x = I_\xi - y_P^2 A\bar\varrho = \left(\frac{\pi}{16} + \frac{1}{12} - \frac{1}{2+\pi} \right) r^4 \bar\varrho, \tag{20.7}$$

$$I_y = I_\eta - x_P^2 A\bar\varrho = \left[\frac{\pi}{16} + \frac{1}{12} - \frac{1}{9(2+\pi)} \right] r^4 \bar\varrho. \tag{20.8}$$

Zum Bestimmen des Deviationsmoments I_{xy} wendet man zweckmäßigerweise ebenfalls den Steinerschen Satz an. Dazu ist zunächst die Kenntnis von $I_{\xi\eta}$ erforderlich, das sich additiv aus $I_{\xi\eta I}$ des viertelkreisförmigen Teils I und $I_{\xi\eta II}$ des dreieckigen Teils II zusammensetzt. Man findet

$$I_{\xi\eta I} = \bar\varrho \int_{A_I} \xi\eta\, dA = \bar\varrho \int_{-r}^{0} \int_{0}^{\sqrt{r^2-\xi^2}} \xi\eta\, d\eta\, d\xi$$

$$= \bar\varrho \int_{-r}^{0} \xi \frac{r^2-\xi^2}{2}\, d\xi = \bar\varrho \left(r^2 \frac{\xi^2}{4} - \frac{\xi^4}{8} \right)\Bigg|_{-r}^{0} = -\frac{1}{8} r^4 \bar\varrho, \tag{20.9}$$

$$I_{\xi\eta II} = \bar\varrho \int_{A_{II}} \xi\eta\, dA = \bar\varrho \int_{0}^{r} \int_{0}^{r-\xi} \xi\eta\, d\eta\, d\xi$$

$$= \bar\varrho \int_{0}^{r} \xi \frac{(r-\xi)^2}{2}\, d\xi = \bar\varrho \left(r^2 \frac{\xi^2}{4} - r\frac{\xi^3}{3} + \frac{\xi^4}{8} \right)\Bigg|_{0}^{r} = \frac{1}{24} r^4 \bar\varrho \tag{20.10}$$

und damit

$$I_{\xi\eta} = I_{\xi\eta I} + I_{\xi\eta II} = -\frac{1}{12} r^4 \bar\varrho. \tag{20.11}$$

Der Steinersche Satz liefert schließlich mit den Gln. (20.4), (20.5) und (20.11)

$$I_{xy} = I_{\xi\eta} - x_P y_P A\bar\varrho = \frac{2-\pi}{12(2+\pi)} r^4 \bar\varrho. \tag{20.12}$$

Bemerkung: Während obige Resultate für I_x und I_y nur für ein dünnes Blech mit $z/r \ll 1$ sinnvoll sind, gelten demgegenüber die Beziehungen (20.4), (20.5) und (20.12) für Werkstücke beliebiger (konstanter) Dicke, sofern diese – wie vorausgesetzt – homogen sind.

21. Auswuchten eines Werkstücks

In ein quaderförmiges Werkstück ist außermittig eine Nut eingefräst (siehe Abb. 21.1).

Geg.: Länge: a; konstante Dicke: d; homogene Dichte: ϱ

Ges.: Das Werkstück soll durch Bohren eines Lochs mit dem Radius r statisch und dynamisch bezüglich der in der Mittelebene liegenden x-Achse ausgewuchtet werden. Gesucht sind die Koordinaten x_P und y_P des Mittelpunkts der Bohrung, wobei diese zur Gänze innerhalb des Werkstücks liegen soll.

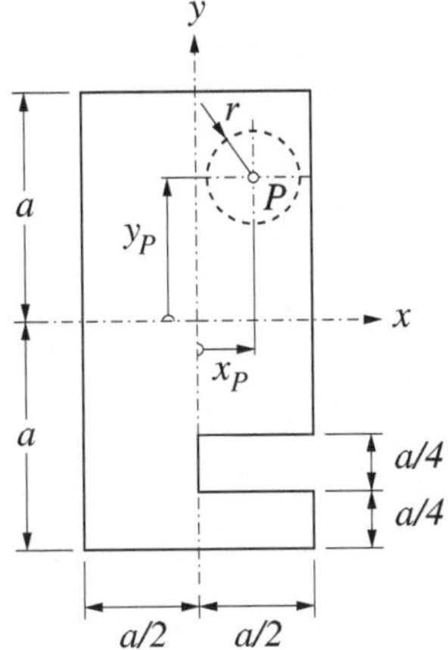

Abb. 21.1.

Lösung

Das um die x-Achse frei drehbar gelagerte (starre) Werkstück ist statisch ausgewuchtet, wenn es sich in jeder Winkellage im Gleichgewicht befindet, das heißt, wenn sein Schwerpunkt auf der x-Achse liegt. Dynamisch ausgewuchtet ist es, wenn bei Rotation weder umlaufende Auflagerkräfte noch -momente auftreten; dies ist dann der Fall, wenn zusätzlich das Deviationsmoment I_{xy} verschwindet.

Zweckmäßigerweise wird das Werkstück auf einen vollen Quader ergänzt gedacht, aus dem die Volumina von Nut und Bohrung herausgeschnitten sind (siehe Abb. 21.2). Da für einen homogenen Quader die obigen beiden Forderungen erfüllt sind, müssen dann nur die der Nut und Bohrung entsprechenden Massen, m_N beziehungsweise m_B, betrachtet werden. Die erste Bedingung führt unter Beachtung von $m_N = \varrho d a^2/8$ und $m_B = \varrho d \pi r^2$ sowie des Teilschwerpunktsatzes (E.5) auf

$$y_S = \frac{y_P m_B - b m_N}{m_N + m_B} = 0 \quad \Rightarrow \quad y_P = \frac{m_N}{m_B} b = \frac{5a^3}{64\pi r^2}. \qquad (21.1)$$

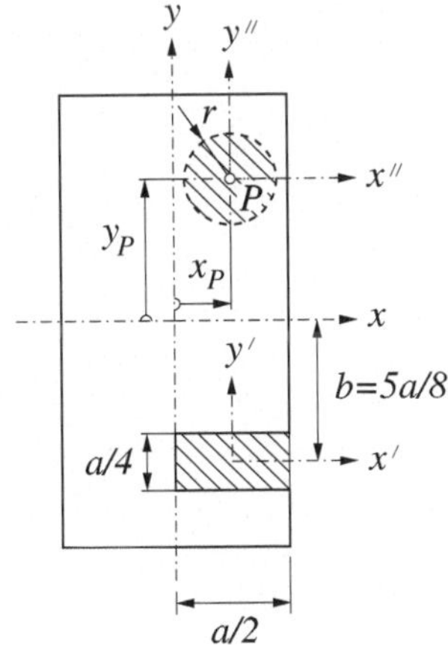

Abb. 21.2.

Die zweite Bedingung fordert für die den herausgeschnittenen Körpern von Nut und Bohrung entsprechenden Deviationsmomente, I_{xyN} beziehungsweise I_{xyB}, daß

$$I_{xyN} + I_{xyB} = 0. \tag{21.2}$$

Für die Nut folgt unter Beachtung des Steinerschen Satzes (F.6) und Gl. (21.1)

$$I_{xyN} = I_{x'y'N} + \left(-\frac{a}{4}\right) b m_N = I_{x'y'N} - \frac{a}{4} y_P m_B, \tag{21.3}$$

und für die Bohrung ergibt sich

$$I_{xyB} = I_{x''y''B} + (-x_P)(-y_P) m_B, \tag{21.4}$$

wobei aus Symmetriegründen $I_{x'y'N} = 0$ und $I_{x''y''B} = 0$ ist. Betrachten der rechten Seiten der Gln. (21.3) und (21.4) zeigt dann sofort, daß für

$$x_P = \frac{a}{4} \tag{21.5}$$

die Bohrung der Forderung (21.2) genügt.

Bemerkung: Obige Ergebnisse gelten natürlich nur dann, wenn – wie vorausgesetzt – die gesamte Bohrung innerhalb des Werkstücks liegt. Die Wahl des Radius r ist also Einschränkungen unterworfen. Mit dem Ergebnis (21.5) entnimmt man Abb. 21.2, daß wegen des rechten Werkstückrandes

$$\frac{r}{a} \leq \frac{1}{4} \tag{21.6}$$

sein muß. Zum Maximalwert $r = a/4$ gehört nach Gl. (21.1) der Abstand $y_P = 5a/(4\pi) \approx 0,3979\,a$, sodaß die Kreisfläche weder den oberen Rand noch die Nut berührt. Bei kleinerem Radius wird nach Gl. (21.1) y_P größer, und der obere Rand wird berührt für $r = a - y_P$. Mit Gl. (21.1) ergibt sich daraus die Beziehung $(r/a)^3 - (r/a)^2 + 5/(64\pi) = 0$, die zweckmäßigerweise numerisch gelöst wird und auf die Forderung

$$0,1735 \leq \frac{r}{a} \tag{21.7}$$

führt.

3. Festigkeitslehre

3.1 Bemessung gerader Träger

22. Konsolträger

Ein Konsolträger steht unter der Wirkung einer Einzellast (siehe Abb. 22.1).

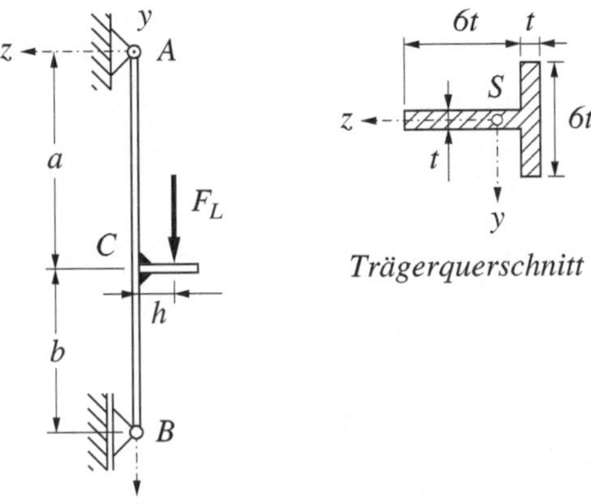

Abb. 22.1.

Geg.: Längen: a, b, h, t; Kraft: F_L; maximal zulässige Normalspannung: σ_{zul}. Im Punkt C ist an den vertikalen Träger mit T-Profil ein starrer Stab rechtwinkelig angeschweißt.

Ges.: Es ist für die speziellen Werte $t = 10$ mm und $\sigma_{zul} = 140$ N/mm² bei den Längenverhältnissen $a/t = 100$, $b/t = 75$ und $h/t = 15$ die maximal zulässige Last, F_{Lzul}, zu ermitteln.

Lösung

Die maximal zulässige Last wird dadurch bestimmt, daß noch in keinem Punkt des Querschnitts des Trägers AB der Absolutwert der Normalspannung, $|\sigma_x|$, die zulässige Spannung σ_{zul} überschreitet. Da in $\sigma_x = (M_y/J_y)z + N/A$ gemäß Gl. (I.1) neben dem Biegemoment M_y und der Normalkraft N auch die Fläche A und das Flächenträgheitsmoment J_y des Trägerquerschnitts eingehen, sollen zunächst letztere ermittelt werden. Während sich für die Fläche

$$A = 12t^2 \tag{22.1}$$

ergibt, ist zur Berechnung von J_y zuerst die Lage des Flächenschwerpunkts zu bestimmen: Der Teilschwerpunktsatz liefert (siehe Abb. 22.2)

$$\zeta_s = \frac{\dfrac{t}{2} \cdot 6t^2 + 4t \cdot 6t^2}{12t^2} = \frac{9}{4}t. \tag{22.2}$$

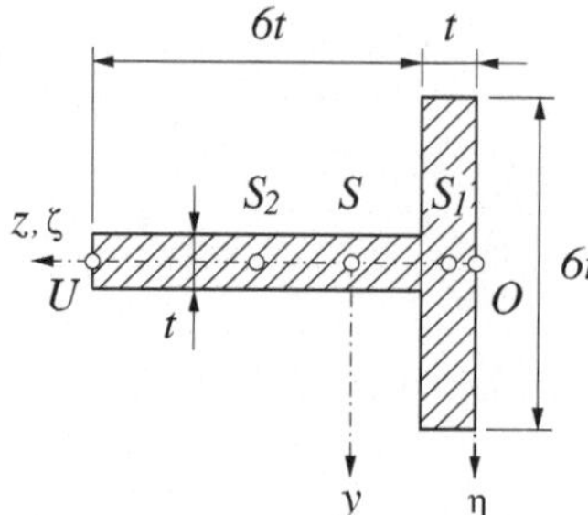

Abb. 22.2.

Für die z-Koordinaten der Randpunkte erhält man damit

$$z_O = -\frac{9}{4}t, \quad z_U = \frac{19}{4}t. \tag{22.3}$$

Nun werden zum Ermitteln des Flächenträgheitsmoments Gl. (F.19) und der Steinersche Satz (F.17) für die beiden Teilflächen mit den Schwerpunkten S_1 beziehungsweise S_2 angewandt:

$$J_y = \left[\frac{1}{12}(6t)t^3 + \left(\frac{7}{4}t\right)^2 6t^2\right] + \left[\frac{1}{12}t(6t)^3 + \left(-\frac{7}{4}t\right)^2 6t^2\right] = \frac{663}{12}t^4. \tag{22.4}$$

Die Auflagerreaktionen ergeben sich mit der Abkürzung $l = a + b$ zu (siehe Abb. 22.3)

$$F_{Ax} = -F_L, \tag{22.5}$$

$$F_{Az} = \frac{h}{l}F_L, \tag{22.6}$$

$$F_{Bz} = -\frac{h}{l}F_L. \tag{22.7}$$

Zum Bestimmen des Biegemoments M_y und der Normalkraft N (die Querkraft Q wird im folgenden nicht benötigt) wird der Träger in die Abschnitte AC und CB unterteilt. Die Eintragung der Schnittgrößen erfolgt entsprechend (D.2). Im Abschnitt AC gilt

$$\left. \begin{aligned} M_y &= -xF_{Az} = -h\frac{x}{l}F_L \\[2mm] N &= -F_{Ax} = F_L \end{aligned} \right\} \quad \text{für } 0 \leq x < a, \tag{22.8, 22.9}$$

im Abschnitt CB ist

$$\left. \begin{aligned} M_y &= -(a + b - x)F_{Bz} = h(1 - \frac{x}{l})F_L \\[2mm] N &= 0 \end{aligned} \right\} \quad \text{für } a < x \leq l. \tag{22.10, 22.11}$$

Da die Normalkräfte in beiden Abschnitten jeweils konstant sind, werden die Extremwerte der Normalspannungen durch die Extremwerte der Biegemomente

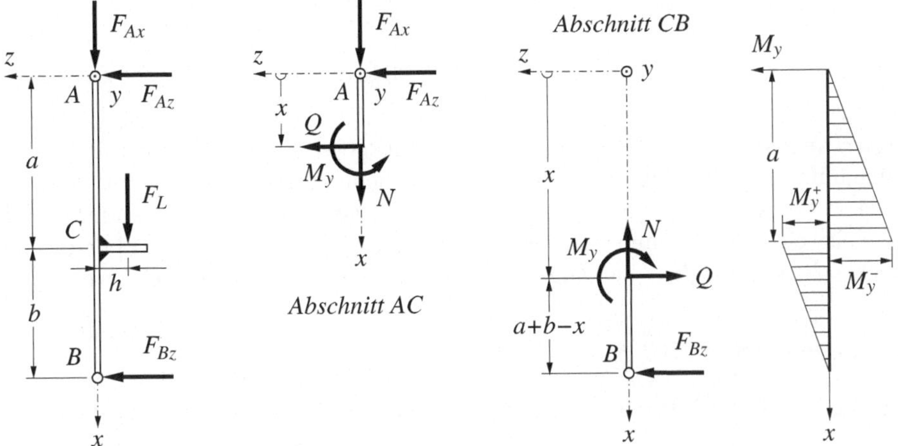

Abb. 22.3.

bestimmt. Deren Verlauf ist abschnittsweise linear, sodaß die extremalen Biegemomente unmittelbar oberhalb und unterhalb der Stelle C auftreten, wo der Biegemomentenverlauf einen Sprung der Größe hF_L aufweist. Es gilt

$$M_y = M_y^- = -h\frac{a}{l}F_L \qquad \text{für} \quad x = a - 0, \tag{22.12}$$

$$M_y = M_y^+ = h(1 - \frac{a}{l})F_L \qquad \text{für} \quad x = a + 0. \tag{22.13}$$

Um die absolut größte Normalspannung herauszufinden, müssen zunächst die vier Normalspannungen in den Punkten O beziehungsweise U der Querschnitte bei $x = a - 0$ und $x = a + 0$ nach Gl. (I.1) für die gegebenen Längenverhältnisse ermittelt werden:

$$\sigma_O = \sigma_O^- = \left[\frac{9}{221}\left(\frac{a}{t}\right)\left(\frac{h}{t}\right)\left(\frac{t}{l}\right) + \frac{1}{12}\right]\frac{F_L}{t^2} = 0,4324\frac{F_L}{t^2} \tag{22.14}$$
$$\left.\right\} \quad \text{für } x = a - 0,$$
$$\sigma_U = \sigma_U^- = \left[-\frac{19}{221}\left(\frac{a}{t}\right)\left(\frac{h}{t}\right)\left(\frac{t}{l}\right) + \frac{1}{12}\right]\frac{F_L}{t^2} = -0,6536\frac{F_L}{t^2} \tag{22.15}$$

$$\sigma_O = \sigma_O^+ = -\frac{9}{221}\left(\frac{b}{t}\right)\left(\frac{h}{t}\right)\left(\frac{t}{l}\right)\frac{F_L}{t^2} = -0,2618\frac{F_L}{t^2} \tag{22.16}$$
$$\left.\right\} \quad \text{für } x = a + 0.$$
$$\sigma_U = \sigma_U^+ = \frac{19}{221}\left(\frac{b}{t}\right)\left(\frac{h}{t}\right)\left(\frac{t}{l}\right)\frac{F_L}{t^2} = 0,5527\frac{F_L}{t^2} \tag{22.17}$$

Die betragsmäßig größte Normalspannung, σ_U^-, tritt also unmittelbar oberhalb der Stelle C am unteren Rand des T-Profils auf, und die maximal zulässige Last ergibt sich demnach aus

$$\sigma_{zul} = |-0,6536\frac{F_{L\,zul}}{t^2}| \tag{22.18}$$

mit dem gegebenen Wert von $\sigma_{zul} = 140$ N/mm^2 zu

$$F_{Lzul} = 21,4198 \text{ kN}. \tag{22.19}$$

Bemerkung: In obiger Rechnung wurde vorausgesetzt, daß die zulässigen Normalspannungen für Zug- und Druckbeanspruchung gleich groß sind. Dies ist für viele Werkstoffe (etwa die meisten Metalle) gerechtfertigt, bei anderen (wie beispielsweise Beton) muß bei der Dimensionierung von Bauteilen aber die unterschiedliche Festigkeit bei Zug- und Druckbeanspruchung beachtet werden.

23. Lagerbock

Ein Lagerbock wird durch eine Einzellast beansprucht (siehe Abb. 23.1).

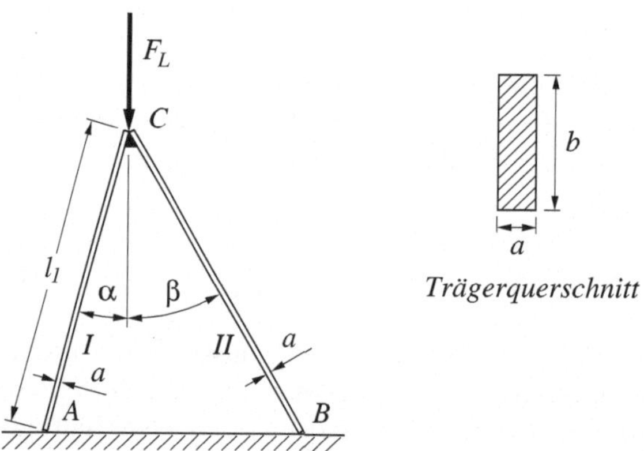

Abb. 23.1.

Geg.: Längen: l_1, a, b; Winkel: α, β (mit $0 < \alpha \leq \beta < \frac{\pi}{2}$); Kraft: F_L; maximal zulässige Normalspannung: σ_{zul}. Die Träger I und II mit gleichem Rechteckquerschnitt sind im Punkt C miteinander verschweißt, der Kontakt in den Punkten A und B ist ideal glatt.

Ges.: Es ist die maximal zulässige Last, F_{Lzul}, zu berechnen.

Lösung

Da die maximal zulässige Last durch den maximalen Absolutbetrag der auftretenden Normalspannungen bestimmt wird, müssen diese gemäß Gl. (I.1) ermittelt werden.

Zum Berechnen der Schnittgrößen ist zunächst die Kenntnis der Auflagerkräfte erforderlich. Mit der Länge $l_2 = l_1 \cos\alpha / \cos\beta$ des Trägers II ergibt sich aus den Momentengleichgewichtsbedingungen bezüglich der Punkte A beziehungsweise B direkt (siehe Abb. 23.2)

$$F_A = F_L \frac{l_2 \sin\beta}{l_1 \sin\alpha + l_2 \sin\beta} = F_L \frac{\tan\beta}{\tan\alpha + \tan\beta}, \tag{23.1}$$

$$F_B = F_L \frac{l_1 \sin\alpha}{l_1 \sin\alpha + l_2 \sin\beta} = F_L \frac{\tan\alpha}{\tan\alpha + \tan\beta}. \tag{23.2}$$

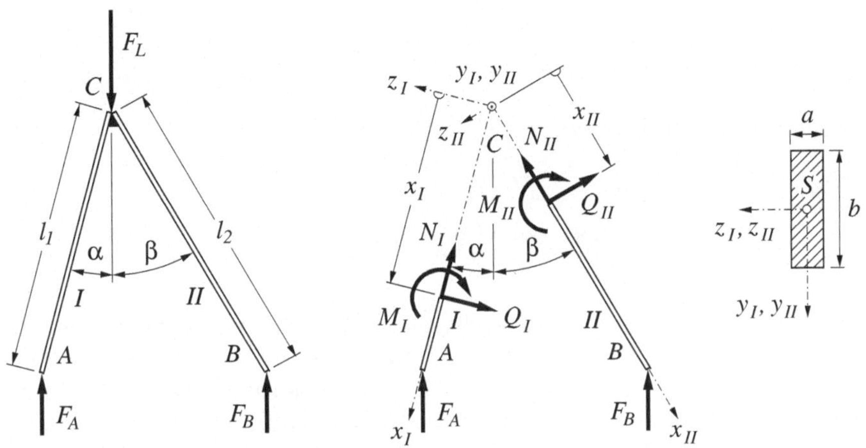

Abb. 23.2.

Die für die Normalspannungen relevanten Schnittgrößen in Teil I und Teil II lauten dann

$$N_I = -F_A \cos\alpha, \tag{23.3}$$

$$M_I = -(l_1 - x_1)F_A \sin\alpha, \tag{23.4}$$

$$N_{II} = -F_B \cos\beta, \tag{23.5}$$

$$M_{II} = (l_2 - x_{II})F_B \sin\beta. \tag{23.6}$$

Wie man sich leicht überlegt (beziehungsweise aus den Gln. (23.4) und (23.6) erkennt), treten die Extremwerte der Biegemomente bei $x_I = 0$ beziehungsweise $x_{II} = 0$ auf und sind wegen des Momentengleichgewichts des Knotens C betragsmäßig gleich groß,

$$M_I(x_I = 0) = -M_{II}(x_{II} = 0) = -l_1 F_L \frac{\sin\alpha \tan\beta}{\tan\alpha + \tan\beta}. \tag{23.7}$$

Aufgrund der Symmetrie der Trägerquerschnitte sind auch die Beträge der Normalspannungen zufolge der Biegebeanspruchung an den Innen- und Außenseiten der Träger gleich groß, und die Stelle der extremalen Normalspannung wird somit durch die Normalkräfte bestimmt. Aus den Gln. (23.3) und (23.5) zusammen mit (23.1) und (23.2) ist zu erkennen, daß unter der Voraussetzung $\alpha < \beta$ die Normalkraft (Druckkraft) im steiler gegen die Horizontale geneigten linken Teil betragsmäßig größer ist. Die extremale Normalspannung tritt daher an der Außenseite ($z_I = a/2$) von Teil I unmittelbar unterhalb des Knotens C ($x_I = 0+$) auf. Mit $Jy_I = a^3b/12$ für die Rechteckfläche $A = ab$ des Trägerquerschnitts folgt

$$\sigma_{max} = \left| \left(-l_1 F_L \frac{\sin\alpha\tan\beta}{\tan\alpha + \tan\beta} \right) \left(\frac{12}{a^3 b} \right) \left(\frac{a}{2} \right) - F_L \frac{\cos\alpha\tan\beta}{(\tan\alpha + \tan\beta)} \frac{1}{(ab)} \right|$$

$$= \left| -\frac{F_L}{ab} \frac{\cos\alpha\tan\beta}{(\tan\alpha + \tan\beta)} \left(6\frac{l_1}{a}\tan\alpha + 1 \right) \right|. \tag{23.8}$$

Die maximal zulässige Last ergibt sich dann zu

$$F_{Lzul} = \frac{\tan\alpha + \tan\beta}{\cos\alpha\tan\beta \left(6\dfrac{l_1}{a}\tan\alpha + 1 \right)} \, ab\,\sigma_{zul}. \tag{23.9}$$

Bemerkung: Der Anteil (des Betrags) der maximalen Spannung zufolge der Biegebeanspruchung wächst mit α und l_1 und nimmt ab mit a. Für $l_1/a = 100$ und $\alpha = \pi/6$ beispielsweise ergibt sich gemäß Gl. (23.8) das rund 346-fache der durch die Druckbelastung hervorgerufenen Spannung, weshalb der Normalkraftanteil in diesem Fall für die Dimensionierung praktisch vernachlässigbar ist.

3.2 Biegung – statisch bestimmte Probleme

24. Träger mit starrem Teil auf zwei Stützen

Ein Träger mit einer starren Hälfte auf zwei Stützen steht unter der Wirkung einer Einzellast (siehe Abb. 24.1).

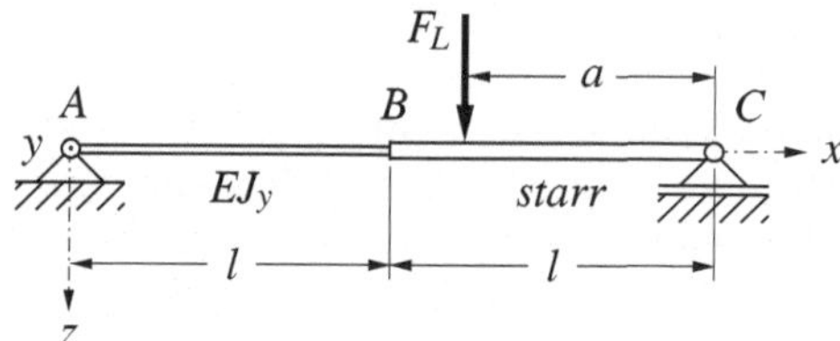

Abb. 24.1.

Geg.: Längen: a, l; Kraft: F_L; Biegesteifigkeit des linken Trägerteils: EJ_y

Ges.:

(a) Es ist die Absenkung $w(x)$ zu bestimmen.

(b) An welcher Stelle $x = x_m$ tritt die maximale Durchbiegung auf und wie groß ist diese?

Lösung

(a) Zum Berechnen der Biegelinie ist zunächst die Kenntnis des Biegemomentenverlaufs $M_y(x)$ erforderlich. Die Auflagerkräfte lauten (siehe Abb. 24.2)

$$F_A = \frac{a}{2l}F_L, \tag{24.1}$$

$$F_C = \frac{2l-a}{2l}F_L, \tag{24.2}$$

woraus sich für den Biegemomentenverlauf im Abschnitt $0 \le x \le 2l - a$

$$M_y = xF_A = x\frac{a}{2l}F_L \tag{24.3}$$

ergibt.

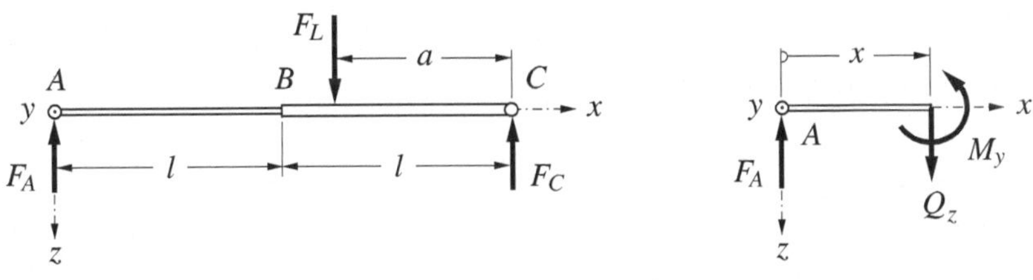

Abb. 24.2.

Da die rechte Trägerhälfte als starr vorausgesetzt wurde, ist die Gleichung der Biegelinie lediglich im Bereich $0 \le x \le l$ zu ermitteln. Gemäß Gl. (I.4) gilt dort

$$EJ_y w'' = -x\frac{a}{2l}F_L. \tag{24.4}$$

Durch Integration folgt daraus

$$EJ_y w' = -\frac{x^2}{2}\frac{a}{2l}F_L + C_1, \tag{24.5}$$

$$EJ_y w = -\frac{x^3}{6}\frac{a}{2l}F_L + C_1 x + C_2 \tag{24.6}$$

mit den Integrationskonstanten C_1 und C_2. Die Randbedingung

$$w(0) = 0 \tag{24.7}$$

liefert eingesetzt in Gl. (24.6)

$$C_2 = 0. \tag{24.8}$$

Beim Bestimmen von C_1 ist zu beachten, daß die Neigung der Biegelinie bei B stetig verläuft und der starre rechte Trägerteil gerade bleibt; eine Skizze des verformten Systems zeigt Abb. 24.3 (mit der Deutlichkeit halber stark übertrieben gezeichneten Deformationen). Werden, wie es die Voraussetzungen der Technischen Biegelehre erfordern, nur kleine Winkel α betrachtet, so gilt $\alpha = -w'(l)$ und deshalb

$$w(l) = \alpha l = -w'(l)l. \tag{24.9}$$

Damit folgt unter Berücksichtigung von Gl. (24.8) aus den Gln. (24.5) und (24.6)

$$-\frac{l^3}{6}\frac{a}{2l}F_L + C_1 l = \frac{l^2}{2}\frac{a}{2l}F_L l - C_1 l \quad \Rightarrow \quad C_1 = \frac{al}{6}F_L. \tag{24.10}$$

Die Absenkung $w(x)$ lautet daher

$$w(x) = \frac{F_L a}{6EJ_y}\left(lx - \frac{x^3}{2l}\right) \qquad \text{für} \quad 0 \le x \le l, \tag{24.11}$$

$$w(x) = \frac{F_L a}{6EJ_y}\left(-\frac{l}{2}x + l^2\right) \quad \text{für} \quad l \le x \le 2l, \tag{24.12}$$

wobei es sich wegen der Starrheit des rechten Trägerteils bei Gl. (24.12) um die Gleichung einer Geraden handelt.

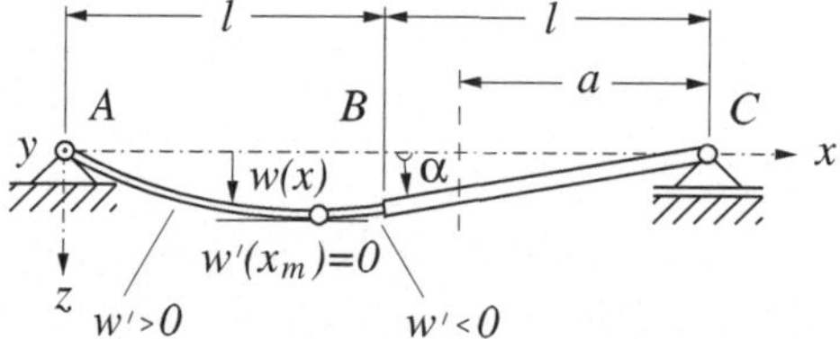

Abb. 24.3.

(b) Die maximale Durchbiegung tritt im linken Trägerteil auf (siehe Abb. 24.3). Aus der Bedingung $w'(x_m) = 0$ findet man mit Hilfe der Gln. (24.5) und (24.10)

$$0 = -x_m^2 \frac{a}{4l}F_L + \frac{al}{6}F_L \quad \Rightarrow \quad x_m = \sqrt{\frac{2}{3}}\,l \tag{24.13}$$

(die Lösung mit negativem Vorzeichen liegt außerhalb des Bereichs $0 \le x \le l$). Wie man sieht, ist die Stelle x_m unabhängig von a und F_L, sofern der Lastangriffspunkt im rechten Trägerteil liegt. Für die maximale Durchbiegung ergibt sich dann aus den Gln. (24.11) und (24.13)

$$w_m = \sqrt{\frac{2}{3}}\,\frac{F_L a l^2}{9EJ_y}. \tag{24.14}$$

Bemerkung: Wie man etwa an diesem Beispiel erkennt, tritt die maximale Durchbiegung eines Trägers im allgemeinen (auch im Fall konstanter Biegesteifigkeit!) weder am Angriffspunkt einer Einzelkraft noch in dessen Mitte auf!

25. Abgesetzter Träger auf zwei Stützen

Ein Träger mit zwei Abschnitten unterschiedlicher Biegesteifigkeit auf zwei Stützen wird durch Einzelkräfte belastet (siehe Abb. 25.1).

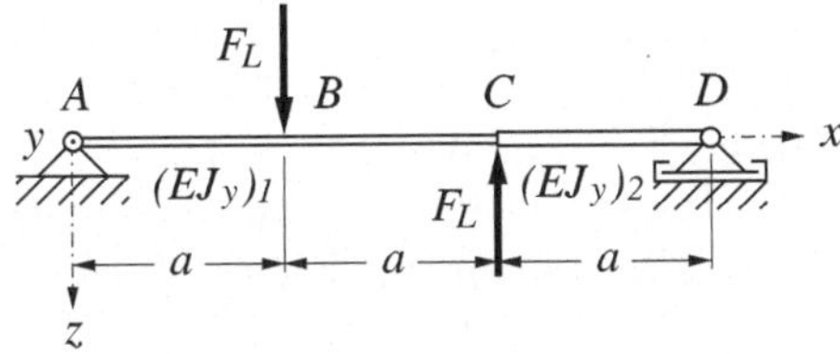

Abb. 25.1.

Geg.: Länge: a; zwei gleiche Kräfte: F_L; Biegesteifigkeiten: $(EJ_y)_1$ im Abschnitt $0 \leq x < 2a$, $(EJ_y)_2$ im Abschnitt $2a < x \leq 3a$

Ges.:

(a) Mit Hilfe des Verfahrens nach Mohr sind die Durchbiegung w_B und die Neigung w'_B an der Stelle B zu ermitteln.

(b) Wo tritt im Spezialfall $(EJ_y)_1 = (EJ_y)_2$, also eines Trägers konstanter Biegesteifigkeit, die maximale Durchbiegung auf?

Lösung

(a) Die Anwendung des Verfahrens nach Mohr ist insbesondere dann empfehlenswert, wenn – wie im vorliegenden Fall – die Durchbiegung und die Neigung der Biegelinie nur an einer oder wenigen diskreten Stellen eines Trägers gesucht sind.

Zunächst ist die Kenntnis des Biegemomentenverlaufs notwendig. Die Auflagerkräfte (siehe Abb. 25.2) ergeben sich aus den Gleichgewichtsbedingungen zu

$$F_A = F_D = \frac{1}{3}F_L. \tag{25.1}$$

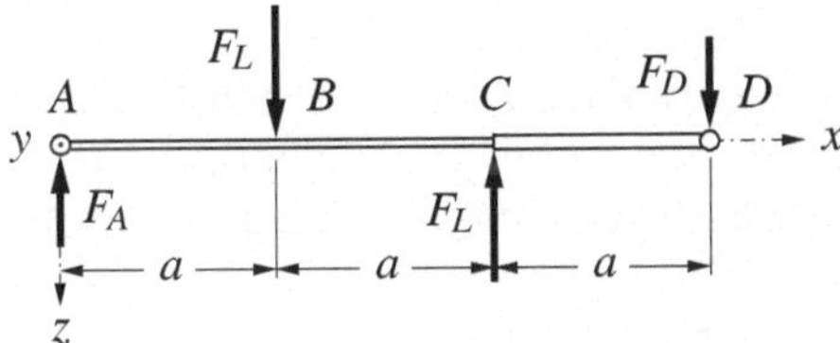

Abb. 25.2.

Wird die positive Zählrichtung des Biegemoments M_y entsprechend der Vorzeichenvereinbarung (D.2) gewählt, so ergibt sich

$$M_y(x) = xF_A = \frac{x}{3}F_L \quad \text{für} \quad 0 \le x \le a, \tag{25.2}$$

$$M_y(x) = xF_A - (x-a)F_L = (a - \frac{2x}{3})F_L \quad \text{für} \quad a \le x \le 2a, \tag{25.3}$$

$$M_y(x) = -(3a - x)F_D = -(a - \frac{x}{3})F_L \quad \text{für} \quad 2a \le x \le 3a. \tag{25.4}$$

Der (gewichtete) Biegemomentenverlauf $M_y(x)\cdot(EJ_y)_0/(EJ_y(x)) := \bar{q}(x)$ gemäß Gl. (I.7) mit der beliebigen Bezugssteifigkeit $(EJ_y)_0$ ist nun als fiktive Belastung $\bar{q}(x)$ auf den Ersatzträger nach Mohr aufzubringen (siehe Abb. 25.3). Gemäß der Korrespondenztabelle (I.8) hat hier der Ersatzträger die gleiche Auflagerung wie der Originalträger und ist daher ebenfalls statisch bestimmt gelagert. Wird

$$(EJ_y)_0 = (EJ_y)_1 \tag{25.5}$$

gewählt, so ist die fiktive Belastung $\bar{q}(x)$ des Ersatzträgers im Abschnitt $0 \le x < 2a$ gleich dem Biegemoment im Originalträger, im Abschnitt $2a < x \le 3a$ ist $M_y(x)$ wie auf Abb. 25.3 skizziert mit $(EJ_y)_1/(EJ_y)_2$ zu multiplizieren. Zweckmäßigerweise werden die fiktiven Dreieckslasten durch ihre jeweiligen Resultierenden Φ_i in den „Flächen"-Schwerpunkten ersetzt:

$$\Phi_1 = \frac{1}{6}F_L a^2, \quad \Phi_2 = \Phi_3 = \frac{1}{12}F_L a^2, \quad \Phi_4 = \frac{1}{6}\frac{(EJ_y)_1}{(EJ_y)_2}F_L a^2. \tag{25.6}$$

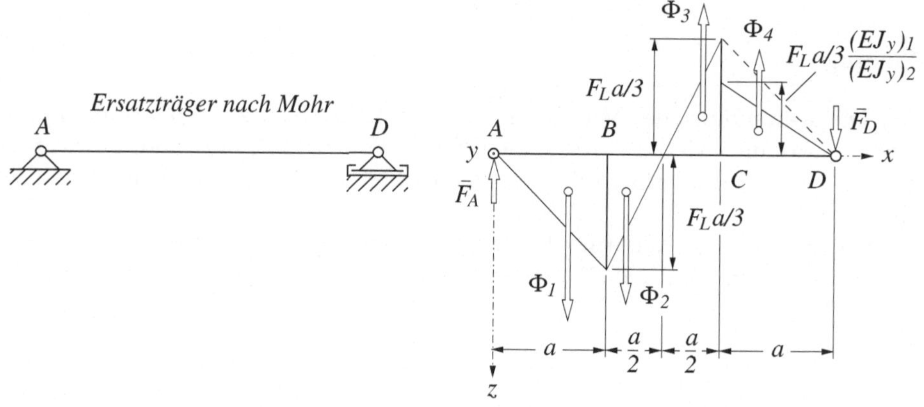

Abb. 25.3.

Damit können die fiktiven Auflagerkräfte des Ersatzträgers aus den Gleichgewichtsbedingungen für diesen berechnet werden, wobei im folgenden nur $\bar{F}_A$ benötigt wird. Aus der Momentengleichgewichtsbedingung bezüglich D folgt unmittelbar

$$\bar{F}_A = \frac{1}{3a}\left(\frac{7a}{3}\Phi_1 + \frac{11a}{6}\Phi_2 - \frac{7a}{6}\Phi_3 - \frac{2a}{3}\Phi_4\right)$$

$$= \frac{1}{27}\left[4 - \frac{(EJ_y)_1}{(EJ_y)_2}\right]F_L a^2. \tag{25.7}$$

Die Durchbiegung w_B ergibt sich dann nach Gl. (I.9), $w(x) = \bar{M}_y(x)/(EJ_y)_0$, aus dem fiktiven Biegemoment $\bar{M}_{yB} = \bar{M}_y(a)$ an der Stelle B (siehe Abb. 25.4),

$$
\begin{aligned}
w_B &= \frac{\bar{M}_y(a)}{(EJ_y)_1} = \frac{1}{(EJ_y)_1}\left(a\bar{F}_A - \frac{a}{3}\Phi_1\right) \\
&= \frac{1}{27}\left[\frac{5}{2(EJ_y)_1} - \frac{1}{(EJ_y)_2}\right]F_L a^3,
\end{aligned}
\tag{25.8}
$$

und die Neigung w'_B gemäß $w'(x) = \bar{Q}_z(x)/(EJ_y)_0$ aus der fiktiven Querkraft $\bar{Q}_{zB} = \bar{Q}_z(a)$,

$$
w'_B = \frac{\bar{Q}_z(a)}{(EJ_y)_1} = \frac{1}{(EJ_y)_1}(\bar{F}_A - \Phi_1) = -\frac{1}{27}\left[\frac{1}{2(EJ_y)_1} + \frac{1}{(EJ_y)_2}\right]F_L a^2.
\tag{25.9}
$$

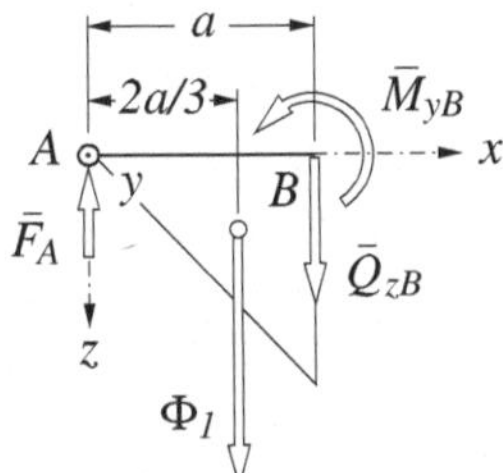

Abb. 25.4.

Bemerkung: Es sei besonders darauf hingewiesen, daß die fiktive Belastung des Ersatzträgers durch ein positives Moment in die positive z-Richtung wirkt und daß die positiven Zählrichtungen der Schnittgrößen in Original- und Ersatzträger gleich sind! Weiters sei angemerkt, daß auf Abb. 25.1 und damit auch auf Abb. 25.3 $(EJ_y)_1 < (EJ_y)_2$ angenommen wurde, die Ergebnisse (25.8) und (25.9) aber unabhängig von dieser Annahme gelten.

(b) Ein Träger konstanter Biegesteifigkeit verformt sich – wie auf Abb. 22.5 skizziert – unter der gegebenen Belastung schiefsymmetrisch, sodaß also $w_k(2a/3) = 0$ (der Index k bezeichnet hier und im folgenden einen solchen Träger). Es treten daher zwei betragsmäßig gleiche Extrema der Durchbiegung in der linken und rechten Trägerhälfte auf; an diesen Stellen muß $w'_k = 0$ gelten. Mit $(EJ_y)_1 = (EJ_y)_2 = EJ_y$ folgt aus den Gln. (25.8) und (25.9)

$$
w_{Bk} = \frac{1}{18}\frac{F_L a^3}{EJ_y} > 0, \quad w'_{Bk} = -\frac{1}{18}\frac{F_L a^2}{EJ_y} < 0,
\tag{25.10,11}
$$

und deshalb tritt ein Extremum links von der Stelle B auf. Dessen Entfernung $x = x_{1k}$ vom Auflager A ist durch das Verschwinden der fiktiven Querkraft im

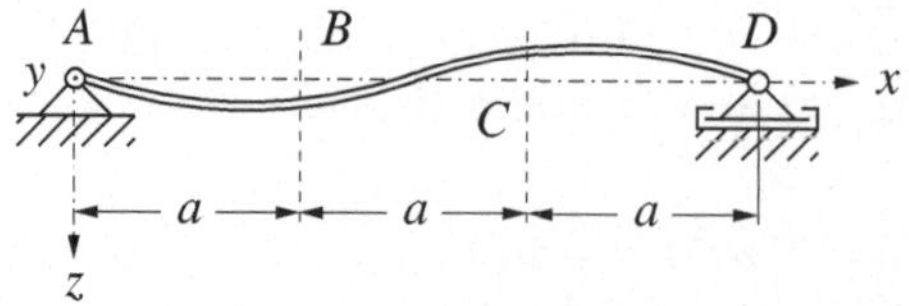

Abb. 25.5.

Ersatzträger gekennzeichnet. Wird dieser an einer allgemeinen Stelle im Bereich $0 < x \leq a$ aufgeschnitten (siehe Abb. 25.6), so findet man

$$\Phi_x = \frac{1}{6} F_L x^2. \tag{25.12}$$

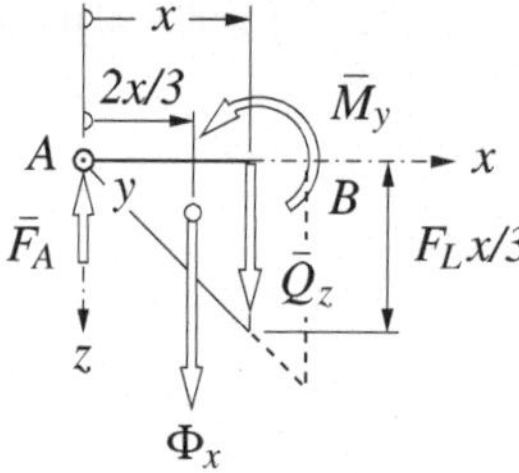

Abb. 25.6.

Aus der Bedingung

$$x = x_{1k}: \quad \bar{Q}_z = \bar{F}_A - \Phi_x = 0 \tag{25.13}$$

ergibt sich dann mit den Gln. (25.7) und (25.12)

$$x_{1k} = \sqrt{\frac{2}{3}}\, a, \tag{25.14}$$

und die zugehörige Durchbiegung folgt aus dem fiktiven Biegemoment an dieser Stelle zu

$$w_k(x_{1k}) = \frac{2}{27} \sqrt{\frac{2}{3}} \frac{F_L a^3}{EJ_y}. \tag{25.15}$$

Wegen der Schiefsymmetrie befindet sich selbstverständlich an der Stelle $x = x_{2k} = (3 - \sqrt{2/3})a$ ein zweites Extremum mit betragsmäßig gleicher, nach oben gerichteter Verschiebung.

26. Z-förmige Trägeranordnung

Drei Träger sind gemäß Abb. 26.1 miteinander verschweißt. Die Anordnung steht unter der Wirkung einer Einzellast.

Geg.: Länge: l_2; Kraft: F_L. Längenänderungen der Träger zufolge Zug/Druck sind gegenüber deren Durchbiegungen vernachlässigbar.

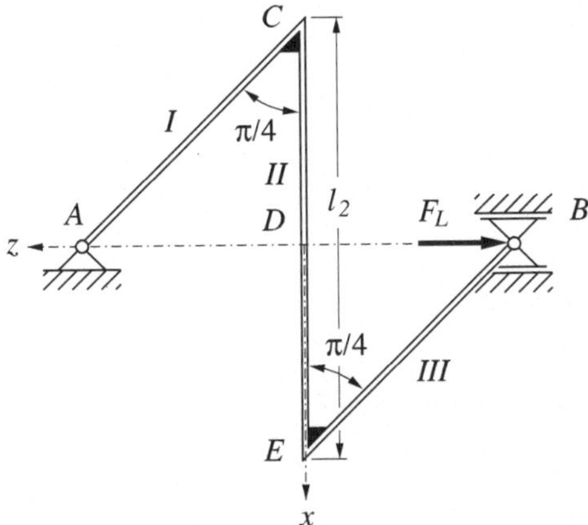

Abb. 26.1.

Ges.:

(a) Es ist die Verschiebung w_B des Gelenks B für den Fall starrer Träger I und III bei gegebener Biegesteifigkeit EJ_y des Trägers II zu ermitteln.

(b) Für den Fall eines starren Trägers II bei gegebener (gleicher) Biegesteifigkeit EJ_y der Träger I und III sind der Drehwinkel φ des Trägers II und die Verschiebung $\tilde{w}_B$ des Gelenks B zu bestimmen.

Lösung

Es sei betont, daß die Behandlung des vorliegenden Problems im Rahmen der Technischen Biegelehre erfolgt, daß also in jedem Fall nur kleine Winkeländerungen sowie Verformungen, die klein gegen die Trägerlängen sind, vorausgesetzt werden; dies ist insbesondere auch bei der Interpretation der Skizzen der deformierten Systeme zu berücksichtigen.

Für die Auflagerkraft F_{Az} gilt unabhängig von der Beschaffenheit der Träger

$$F_{Az} = F_L, \tag{26.1}$$

andere Auflagerreaktionen treten nicht auf (siehe Abb. 26.2). Weiters ist in beiden Fällen die Symmetrie bezüglich des Punktes D des Trägers II zu beachten!

(a) Unter den obigen Voraussetzungen bleibt die Längenänderung des Trägers II bei der Deformation vernachlässigbar klein. Deshalb erfährt der Punkt C keine Verschiebung in x- beziehungsweise z-Richtung, und daher tritt auch keine Drehung des starren Trägers I auf. Dies hinwieder bedingt aufgrund der Symmetrie eine translatorische Verschiebung des starren Trägers III, welche mit der gesuchten Verschiebung w_B des Gelenks B übereinstimmt.

In der Mitte des vertikalen Trägers II verschwindet das Biegemoment, es gilt also $M_{yII}(l_2/2) = 0$, und man kann sich somit diesen Träger aus zwei in den Punkten C beziehungsweise E eingespannten Kragträgern der Länge $l_2/2$

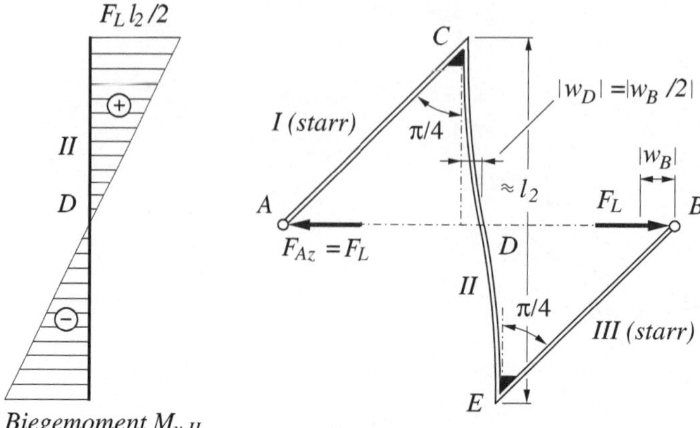

Abb. 26.2.

zusammengesetzt denken, die unter der fiktiven Einzellast F_L stehen; diese entspricht der in der Mitte übertragenen Querkraft $Q_z = -F_L$ (siehe Abb. 26.2). Mit Hilfe der Gl. (I.10) findet man dann unmittelbar:

$$w_B = 2w_D = -2\frac{F_L}{3EJ_y}\left(\frac{l_2}{2}\right)^3 = -\frac{F_L l_2^3}{12EJ_y}. \tag{26.2}$$

(b) Zur Behandlung dieser Fragestellung ist es zweckmäßig, das auf Abb. 26.3 eingezeichnete $\bar{x}$-$\bar{y}$-$\bar{z}$-Koordinatensystem einzuführen; die Länge des Trägers I ergibt sich zu $l_1 = l_2\sqrt{2}/2$.

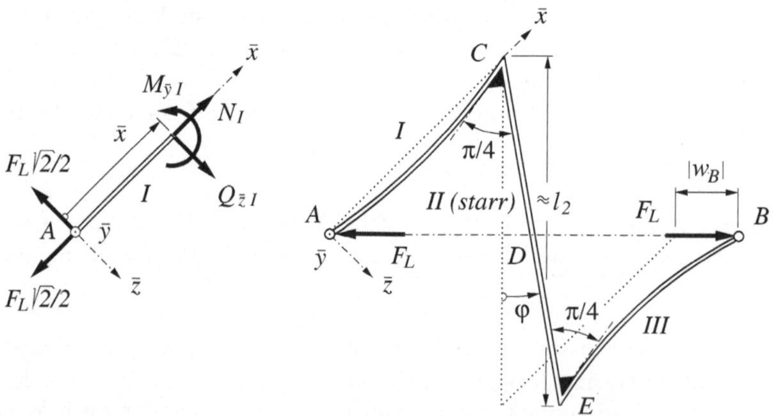

Abb. 26.3.

Das Biegemoment im Träger I lautet

$$M_{\bar{y}I} = \frac{F_L\sqrt{2}}{2}\,\bar{x} \tag{26.3}$$

und damit gemäß Gl. (I.4) die Differentialgleichung der Biegelinie

$$EJ_y \bar{w}'' = -\frac{F_L\sqrt{2}}{2}\bar{x}. \tag{26.4}$$

Durch Integration folgt daraus

$$EJ_y \bar{w}' = -\frac{F_L\sqrt{2}}{4}\bar{x}^2 + C_1, \tag{26.5}$$

$$EJ_y \bar{w} = -\frac{F_L\sqrt{2}}{12}\bar{x}^3 + C_1\bar{x} + C_2 \tag{26.6}$$

mit den Integrationskonstanten C_1 und C_2. Aufgrund der festen Auflagerung im Punkt A ist

$$\bar{w}(0) = 0 \tag{26.7}$$

und daher nach Gl. (26.6)

$$C_2 = 0. \tag{26.8}$$

Die Randbedingung bei $\bar{x} = l_1$ ergibt sich aus folgender Überlegung: Eine Verschiebung $\bar{w}(l_1)$ des rechten Endes des Trägers I (Punkt C) würde in $\bar{z}$-Richtung erfolgen und hätte deshalb sowohl eine horizontale als auch eine vertikale Komponente. Wegen des vorausgesetzten kleinen Drehwinkels φ des Trägers II ist aber – analog zu Fragepunkt (a) – die Vertikalverschiebung und daher die gesamte Verschiebung des Punktes C vernachlässigbar klein. Somit gilt im Rahmen der Technischen Biegelehre

$$\bar{w}(l_1) = 0 \tag{26.9}$$

und deshalb nach Gl. (26.6)

$$C_1 = \frac{F_L\sqrt{2}}{24}l_2^2. \tag{26.10}$$

Damit findet man dann mit Hilfe von Gl. (26.5) den gesuchten Winkel

$$\varphi = -\bar{w}'(l_1) = \frac{F_L\sqrt{2}}{12EJ_y}l_2^2. \tag{26.11}$$

Unter Berücksichtigung der Symmetrie der Anordnung ergibt sich schließlich für die Verschiebung des Gelenks B

$$\tilde{w}_B = -\varphi l_2 = -\frac{F_L\sqrt{2}}{12EJ_y}l_2^3. \tag{26.12}$$

Bemerkung: Zur Demonstration unterschiedlicher Lösungsansätze wurde der Fragepunkt (a) dieses Beispiels auf knappest mögliche Weise unter Verwendung der Formel (I.10) für einen Kragträger und der Fragepunkt (b) auf streng systematische Weise behandelt. Während eine systematische Lösung derartiger Beispiele natürlich stets möglich ist, sind Überlegungen wie in Fragepunkt (a) nur in manchen Fällen zielführend, können dann aber zu einer deutlichen Verringerung des Rechenaufwands beitragen.

27. Schiefe Biegung eines Trägers

An einen Träger mit gegen die Horizontale geneigtem Rechteckquerschnitt ist ein vertikaler (starrer) Stab angeschweißt, an dem eine Einzelkraft angreift (siehe Abb. 27.1).

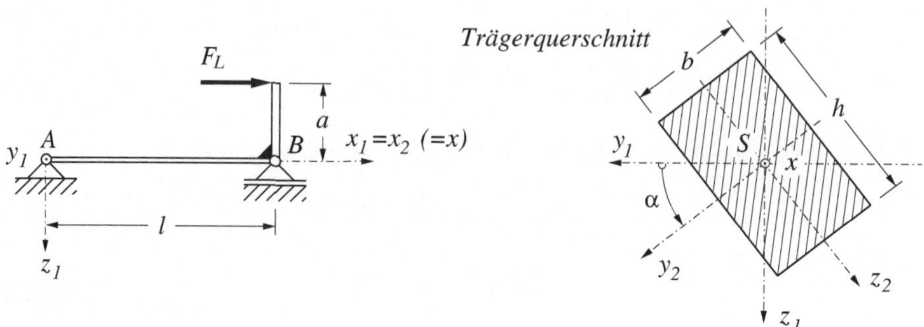

Abb. 27.1.

Geg.: Längen: a, l, b, h; Winkel: α $(0 \leq \alpha \leq \pi/2)$; Kraft: F_L; Elastizitätsmodul E. Das Auflager bei B ist nur in $\hat{x}$-Richtung verschieblich.

Ges.:

(a) Es sind die Extremwerte der Normalspannung zu bestimmen.

(b) Die Biegelinie ist zu ermitteln.

Lösung

Da es sich um ein statisch bestimmtes Problem handelt, können die Auflagerreaktionen unmittelbar aus den Gleichgewichtsbedingungen errechnet werden (siehe Abb. 27.2); man erhält

$$F_{Ah} = -F_L, \tag{27.1}$$

$$F_{Av} = -\frac{a}{l}F_L, \tag{27.2}$$

$$F_B = \frac{a}{l}F_L, \tag{27.3}$$

woraus sich für den Biegemomentenverlauf im Träger

$$M_{y1}(x) = xF_{Av} = -x\frac{a}{l}F_L \tag{27.4}$$

und für die Normalkraft

$$N = -F_{Ah} = F_L \tag{27.5}$$

ergibt.

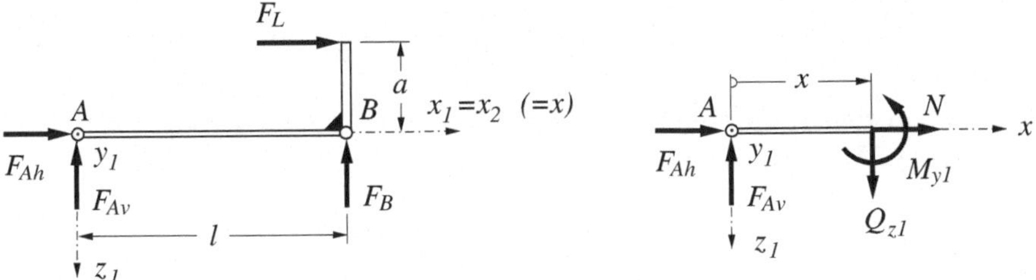

Abb. 27.2.

Die Darstellungen des Biegemomentenvektors im x_1-y_1-z_1-System und im x_2-y_2-z_2-Trägheitshauptachsensystem des Trägerquerschnitts sind nach Abb. 27.3:

$$\underline{M}_{y1|1} = \begin{bmatrix} 0 \\ M_{y1} \\ 0 \end{bmatrix}, \quad \underline{M}_{y1|2} = \begin{bmatrix} 0 \\ M_{y2} \\ M_{z2} \end{bmatrix} = \begin{bmatrix} 0 \\ M_{y1}\cos\alpha \\ -M_{y1}\sin\alpha \end{bmatrix}. \tag{27.6}$$

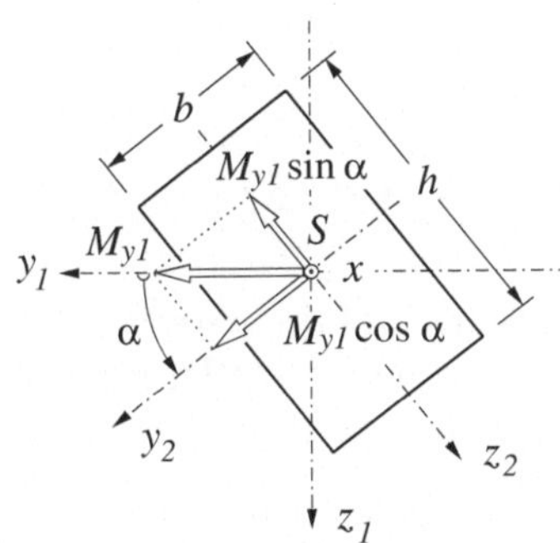

Abb. 27.3.

Mit der Querschnittsfläche $A = bh$ und den Flächenträgheitsmomenten bezüglich der y_2- beziehungsweise z_2-Achse durch den Flächenschwerpunkt S,

$$J_{y2} = \frac{bh^3}{12}, \qquad J_{z2} = \frac{b^3 h}{12}, \tag{27.7}$$

folgt gemäß Gl. (I.1) die Normalspannungsverteilung

$$\sigma_x(x, y_2, z_2) = \frac{M_{y2}}{J_{y2}} z_2 - \frac{M_{z2}}{J_{z2}} y_2 + \frac{N}{A}$$

$$= \frac{F_L}{bh} \left[-12a\frac{x}{l} \left(\frac{\cos\alpha}{h^2} z_2 + \frac{\sin\alpha}{b^2} y_2 \right) + 1 \right]. \tag{27.8}$$

Wegen des linearen Biegemomentenverlaufs (und der konstanten Normalkraft) im Träger treten die Extremwerte der Normalspannung unmittelbar links des Auflagers B auf. Dort hat σ_x die Form

$$\sigma_x\left(l, y_2, z_2\right) = \frac{F_L}{bh}\left[-12a\left(\frac{\cos\alpha}{h^2}z_2 + \frac{\sin\alpha}{b^2}y_2\right) + 1\right] \qquad (27.9)$$

und nimmt in den Randpunkten O beziehungsweise U des Profils (siehe Abb. 27.4) folgende Werte an:

$$\sigma_{x,O} = \sigma_x\left(l, -b/2, -h/2\right) = \frac{F_L}{bh}\left[6a\left(\frac{\cos\alpha}{h} + \frac{\sin\alpha}{b}\right) + 1\right], \qquad (27.10)$$

$$\sigma_{x,U} = \sigma_x\left(l, b/2, h/2\right) = \frac{F_L}{bh}\left[-6a\left(\frac{\cos\alpha}{h} + \frac{\sin\alpha}{b}\right) + 1\right]. \qquad (27.11)$$

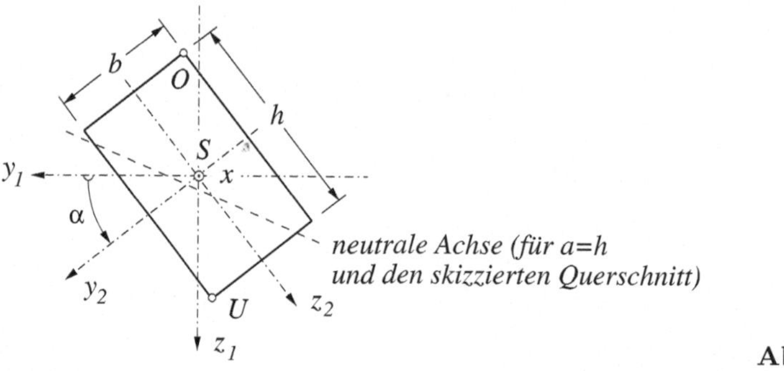

Abb. 27.4.

Wie man leicht erkennt, ist $\sigma_{x,O}$ stets eine Zugspannung und die betragsmäßig größte Normalspannung im Träger, wohingegen $\sigma_{x,U}$ nur dann eine Druckspannung darstellt, wenn die rechte Seite von Gl. (27.11) einen negativen Wert liefert.

Bemerkung: Entlang einer Geraden, der sogenannten neutralen Achse, verschwindet die Normalspannung. Ihre Gleichung folgt gemäß Gl. (27.9) aus der Bedingung $\sigma_x = 0$ zu $-12a\left(z_2\cos\alpha/h^2 + y_2\sin\alpha/b^2\right) + 1 = 0$. Sie schneidet nur für $\sigma_{x,U} \leq 0$ den Querschnitt.

(b) Im Rahmen der Technischen Biegelehre können die Anteile der Biegelinie in y_2- beziehungsweise z_2-Richtung sowie der Dehnung in x-Richtung unabhängig voneinander ermittelt werden.

Erstere lauten entsprechend den Beziehungen (I.3) und (I.4)

$$\frac{d^2v_2}{dx^2} = \frac{M_{z2}}{EJ_{z2}} = -\frac{M_{y1}\sin\alpha}{EJ_{z2}}, \qquad (27.12)$$

$$\frac{d^2w_2}{dx^2} = -\frac{M_{y2}}{EJ_{y2}} = -\frac{M_{y1}\cos\alpha}{EJ_{y2}}. \qquad (27.13)$$

Da diese beiden Differentialgleichungen vom gleichen Typ und auch die Randbedingungen gleich sind,

$$v_2(0) = v_2(l) = 0, \qquad w_2(0) = w_2(l) = 0, \tag{27.14}$$

muß nur eine davon gelöst werden. Für die Durchbiegung in z_2-Richtung etwa ergibt sich aus Gl. (27.13)

$$EJ_{y2}\, w_2'' = x\frac{a}{l}F_L \cos\alpha, \tag{27.15}$$

$$EJ_{y2}\, w_2' = \frac{x^2}{2}\frac{a}{l}F_L \cos\alpha + C_1, \tag{27.16}$$

$$EJ_{y2}\, w_2 = \frac{x^3}{6}\frac{a}{l}F_L \cos\alpha + C_1 x + C_2. \tag{27.17}$$

Aus den Randbedingungen folgt

$$C_1 = -\frac{la}{6}F_L \cos\alpha, \qquad C_2 = 0 \tag{27.18}$$

und damit

$$w_2 = \frac{1}{EJ_{y2}}\frac{a}{6l}F_L \cos\alpha\left(x^3 - xl^2\right); \tag{27.19}$$

analog dazu erhält man sofort

$$v_2 = \frac{1}{EJ_{z2}}\frac{a}{6l}F_L \sin\alpha\left(x^3 - xl^2\right). \tag{27.20}$$

Aufgrund der Normalkraft wird die Stabachse gedehnt, und mit Gl. (G.1) lautet die Längsverschiebung u_2 eines ihrer Punkte

$$u_2 = x\frac{F_L}{bhE}. \tag{27.21}$$

Die Gln. (27.19) bis (27.21) bestimmen somit den Vektor $\underline{u}_{|2}^T = [u_2, v_2, w_2]$ der Verschiebung eines Punktes der Stabachse, dargestellt im x_2-y_2-z_2-System.

Über die Transformationsmatrix $\underline{A}_{12}$ (das x_2-y_2-z_2-System ist im positiven Sinn um α gegen das x_1-y_1-z_1-System verdreht, siehe Gl. (A.5)) erhält man dann unmittelbar auch die entsprechende Verschiebung im x_1-y_1-z_1-System:

$$\underline{u}_{|1} = \underline{A}_{12}\underline{u}_{|2} = \begin{bmatrix} 1 & 0 & 0 \\ 0 & \cos\alpha & -\sin\alpha \\ 0 & \sin\alpha & \cos\alpha \end{bmatrix}\begin{bmatrix} u_2 \\ v_2 \\ w_2 \end{bmatrix}$$

$$= \begin{bmatrix} u_2 \\ v_2\cos\alpha - w_2\sin\alpha \\ v_2\sin\alpha + w_2\cos\alpha \end{bmatrix}. \tag{27.22}$$

3.3 Biegung – statisch unbestimmte Probleme

28. Zwei eingespannte Blattfedern

Zwei Blattfedern gleicher Biegesteifigkeit sind gemäß Abb. 28.1 in geringem Abstand voneinander eingespannt. Am freien Ende der oberen Feder greift eine Einzellast an.

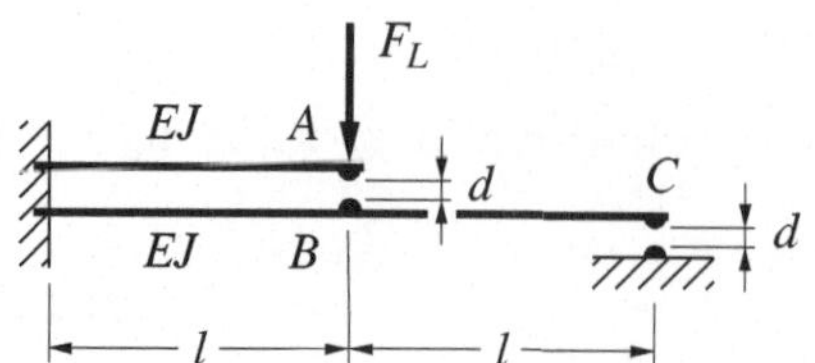

Abb. 28.1.

Geg.: Längen: d, l (mit $d/l \ll 1$); Kraft: F_L. Die Biegesteifigkeit beider Federn ist gleich EJ. An Kontaktstellen tritt keine Reibung auf.

Ges.: Mit Hilfe des Verfahrens nach Mohr sind für langsam anwachsende Last F_L zu bestimmen:

(a) Die Grenze F_{La}, bei der es zum Kontakt beider Blattfedern kommt;

(b) Die Grenze F_{Lb}, bei der es zum Kontakt der unteren Blattfeder mit der festen Unterlage kommt;

(c) Die Berührkräfte F_A und F_C im Fall von $F_L \geq F_{Lb}$.

(d) Es ist die Abhängigkeit der Berührkräfte von der Last graphisch darzustellen.

Lösung

Es ist vorteilhaft, gleich den Belastungsfall $F_L > F_{Lb}$ gemäß Abb. 28.2 mit Berührung der Punkte A und B sowie des Punktes C mit der festen Unterlage und den daraus resultierenden Kräften F_A und F_C zu betrachten und die gesuchten Grenzen durch Spezialisierung zu gewinnen.

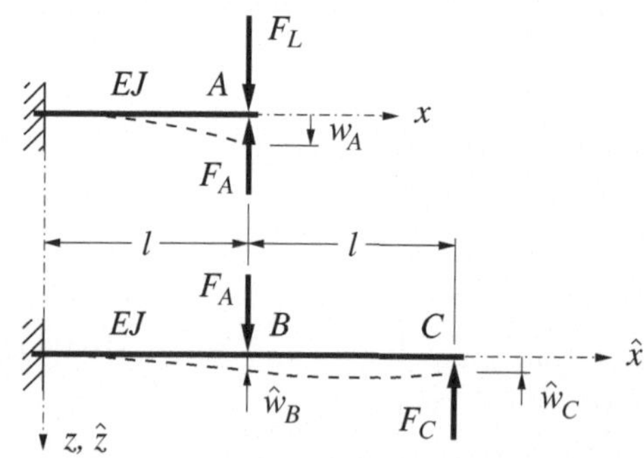

Abb. 28.2.

Bei der Anwendung des Verfahrens nach Mohr sind die Biegemomentenverläufe in den Federn als fiktive Belastungen auf die Ersatzträger aufzubringen. Mit der Korrespondenztabelle (I.8) und unter Beachtung der Vorzeichenvereinbarung (D.2) für die Biegemomente erhält man (bei Wahl von $(EJ_y)_0 = EJ$ in Gl. (I.7)) unmittelbar die belasteten Ersatzträger gemäß Abb. 28.3.

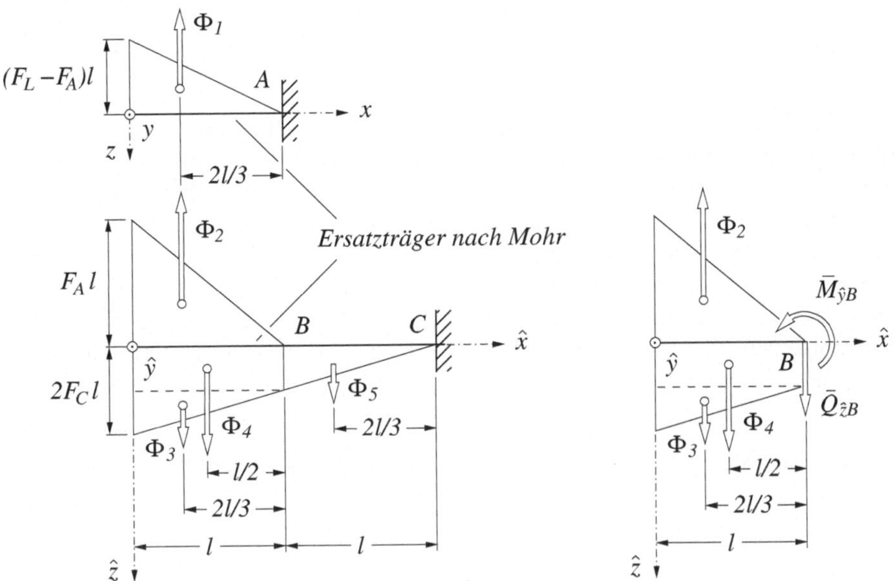

Abb. 28.3.

Im Hinblick auf die zur Ermittlung von $\hat{w}_B$ erforderliche Berechnung von $\bar{M}_{\hat{y}B}$ wird die fiktive positive Dreieckslast an der unteren Feder in zwei Dreieckslasten und eine Rechteckslast aufgeteilt. Werden dann die fiktiven Lasten durch ihre jeweiligen Resultierenden Φ_i in den „Flächen"-Schwerpunkten ersetzt, so findet man

$$\Phi_1 = \frac{1}{2}(F_L - F_A)l^2, \tag{28.1}$$

$$\Phi_2 = \frac{1}{2}F_A l^2, \quad \Phi_3 = \Phi_5 = \frac{1}{2}F_C l^2, \quad \Phi_4 = F_C l^2. \tag{28.2}$$

Für die Durchbiegungen ergibt sich gemäß Gl. (I.9)

$$w_A = \frac{\bar{M}_{yA}}{EJ} = \frac{1}{EJ}\frac{2\Phi_1 l}{3} = \frac{1}{3EJ}(F_L - F_A)l^3, \tag{28.3}$$

$$\hat{w}_B = \frac{\bar{M}_{\hat{y}B}}{EJ} = \frac{1}{EJ}\left[\frac{2}{3}(\Phi_2 - \Phi_3) - \frac{1}{2}\Phi_4\right]l = \frac{1}{3EJ}(F_A - \frac{5}{2}F_C)l^3, \tag{28.4}$$

$$\hat{w}_C = \frac{\bar{M}_{\hat{y}C}}{EJ} = \frac{1}{EJ}\left[\frac{5}{3}(\Phi_2 - \Phi_3) - \frac{3}{2}\Phi_4 - \frac{2}{3}\Phi_5\right]l =$$

$$= \frac{1}{3EJ}(\frac{5}{2}F_A - 8F_C)l^3. \tag{28.5}$$

(a) Die Punkte A und B berühren einander nicht, solange $w_A < d$ ist. In diesem Fall ist selbstverständlich $F_A = 0$, und man erhält aus Gl. (28.3) die Grenze

$$F_{La} = 3\frac{EJd}{l^3}. \tag{28.6}$$

(b) Solange $\hat{w}_C < d$ gilt, tritt keine Berührung des Punktes C mit der festen Unterlage auf, und es ist $F_C = 0$. Ehe F_{Lb} jedoch ermittelt werden kann, muß die Kontaktkraft F_A berechnet werden. Dies ist nicht allein mit Hilfe der Gleichgewichtsbedingungen möglich: Fünf unbekannten Reaktionen – je einer vertikalen Auflagerkraft und einem Einspannmoment auf die obere und untere Feder und der Kraft F_A – stehen nur vier Gleichgewichtsbedingungen gegenüber (Kräfte in horizontaler Richtung treten nicht auf). Somit liegt ein einfach statisch unbestimmtes Problem vor, dessen Lösung durch die zusätzliche (geometrische) Bedingung

$$w_A = \hat{w}_B + d \tag{28.7}$$

bestimmt ist. Mit den Gln. (28.3) und (28.4) ergibt sich daraus

$$F_A = \frac{1}{2}\left(F_L - \frac{3EJd}{l^3}\right) = \frac{1}{2}(F_L - F_{La}) \tag{28.8}$$

und aus Gl. (28.5) dann mit $\hat{w}_C = d$ unmittelbar die Grenze

$$F_{Lb} = \frac{27}{5}\frac{EJd}{l^3}. \tag{28.9}$$

(c) Wenn $F_L \geq F_{Lb}$ ist, berührt der Punkt C die Unterlage, und das Problem ist zweifach statisch unbestimmt, da nunmehr F_A und F_C ermittelt werden müssen. Dies erfolgt mit Hilfe der beiden geometrischen Bedingungen (28.7) und

$$\hat{w}_C = d. \tag{28.10}$$

Zusammen mit den Gln. (28.3) bis (28.5) bilden sie zwei Bestimmungsgleichungen für F_A und F_C mit der Lösung

$$F_A = \frac{32}{39}\left(F_L - \frac{63}{16}\frac{EJd}{l^3}\right), \tag{28.11}$$

$$F_C = \frac{10}{39}\left(F_L - \frac{27}{5}\frac{EJd}{l^3}\right) = \frac{10}{39}(F_L - F_{Lb}). \tag{28.12}$$

(d) Auf Abb. 28.4 sind die obigen Ergebnisse graphisch veranschaulicht; dabei wurden die dimensionslosen Größen $F_i^* = F_i l^3/(3EJd)$ eingeführt. Wie man erkennt, wachsen die Berührkräfte (stückweise) linear mit der Belastung an.

Es sei noch erwähnt, daß man für $F_L = F_{Lb}$ sowohl aus Gl. (28.8) als auch aus Gl. (28.11) $F_A = F_{Ab} = 6EJd/(5l^3)$ erhält.

Bemerkung: Außer mit Hilfe des Verfahrens nach Mohr ist dieses Beispiel alternativ auch durch Anwendung der Formeln (I.10) und (I.11) für einen Kragträger

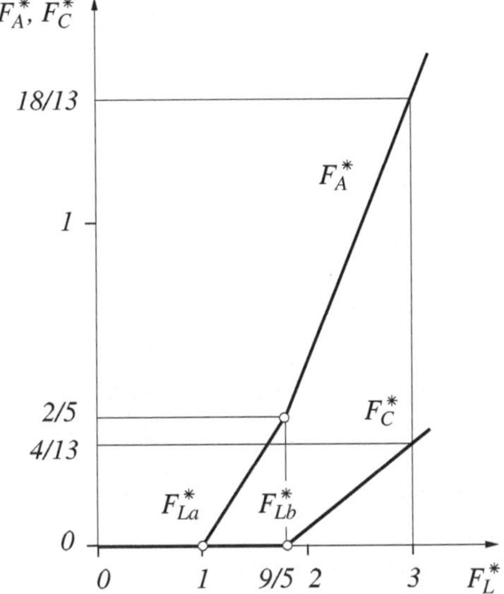

Abb. 28.4.

und des Superpositionsprinzips vorteilhaft lösbar (von letzterem wird natürlich auch beim Verfahren nach Mohr Gebrauch gemacht). Während sich unter Beachtung von Abb. 28.2 für die obere Feder unmittelbar $w_A = (F_L - F_A)l^3/(3EJ)$ ergibt (vgl. Gl. (28.3)), können die Verschiebungen der unteren Feder für den allgemeinen Belastungsfall durch Überlagern der Lastfälle 1 ($F_C = 0$) und 2 ($F_A = 0$) gemäß Abb. 28.5 gewonnen werden. Im Lastfall 1 gilt

$$\hat{w}_{B1} = \frac{1}{3EJ}F_A l^3, \tag{28.13}$$

$$\hat{w}_{C1} = \hat{w}_{B1} + \hat{w}'_{B1}l = \frac{1}{3EJ}F_A l^3 + \left(\frac{1}{2EJ}F_A l^2\right)l = \frac{5}{6EJ}F_A l^3. \tag{28.14}$$

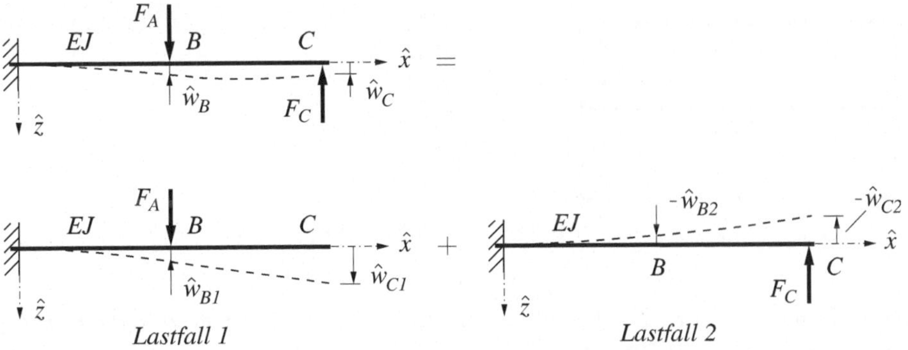

Lastfall 1   *Lastfall 2*

Abb. 28.5.

Im Lastfall 2 wird $\hat{w}_{B2}$ durch Integration bestimmt. Einsetzen des Biegemoments in die Differentialgleichung der Biegelinie ergibt

$$EJ\hat{w}_2'' = -(2l - \hat{x})F_C, \tag{28.15}$$

und daraus folgt

$$EJ\hat{w}_2' = -(2l\hat{x} - \frac{\hat{x}^2}{2})F_C + C_1, \tag{28.16}$$

$$EJ\hat{w}_2 = -(l\hat{x}^2 - \frac{\hat{x}^3}{6})F_C + C_1\hat{x} + C_2. \tag{28.17}$$

Wegen $\hat{w}_2(0) = 0$, $\hat{w}_2'(0) = 0$ verschwinden die Integrationskonstanten C_1 und C_2, und man findet

$$\hat{w}_{B2} = -\frac{5}{6EJ}F_C l^3, \tag{28.18}$$

$$\hat{w}_{C2} = -\frac{8}{3EJ}F_C l^3 \tag{28.19}$$

(die Gl. (28.19) erhält man selbstverständlich auch direkt aus (I.10)). Durch Addition der Verschiebungen nach den Gln. (28.13) und (28.18) beziehungsweise (28.14) und (28.19) ergeben sich die gleichen Ausdrücke für $\hat{w}_B$ und $\hat{w}_C$, die in den Gln. (28.4) und (28.5) erhalten wurden. Die darauffolgenden Überlegungen sind dann mit jenen in den Lösungspunkten (a) bis (c) identisch.

29. Elastisch gelagerter Stab

Ein starrer Stab ist mit Hilfe von zwei Blattfedern elastisch gelagert (siehe Abb. 29.1).

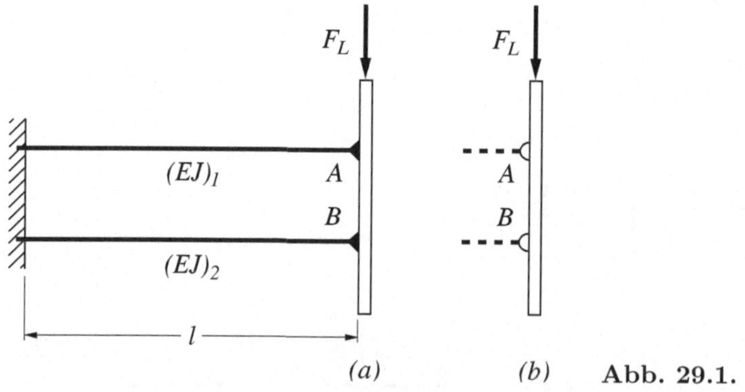

Abb. 29.1.

Geg.: Länge: l; Kraft: F_L. Die obere Blattfeder weist die Biegesteifigkeit $(EJ)_1$, die untere die Biegesteifigkeit $(EJ)_2$ auf, der vertikale Stab ist starr. Längenänderungen der Federn zufolge Zug/Druck sind gegenüber deren Durchbiegungen vernachlässigbar.

Ges.: Es ist die Vertikalverschiebung w_{Stab} des Stabs in folgenden beiden Fällen zu ermitteln:

(a) Starre Verbindung in den Punkten A und B;

(b) Reibungsfreie Gelenke in den Punkten A und B.

Lösung

(a) An den Verbindungsstellen A und B treten die auf Abb. 29.2 eingezeichneten Kräfte und Momente auf (wobei F_{Ah} und F_{Bh} für die vorliegende Fragestellung nicht berechnet werden müssen). Da diese nicht allein mit Hilfe der Gleichgewichtsbedingungen ermittelt werden können, liegt ein statisch unbestimmtes Problem vor. Die erforderlichen zusätzlichen Bestimmungsgleichungen erhält man aus geometrischen Überlegungen: Unter den getroffenen Voraussetzungen erfahren die Punkte A und B keine Horizontalverschiebung, und der starre Stab bleibt in belastetem Zustand vertikal. Dies hat eine horizontale Tangente an die Federn an deren rechten Enden (siehe Abb. 29.3) und gleiche Absenkung der Punkte A und B zur Folge. Zum Berechnen der Biegelinien genügt es, etwa die obere Feder zu betrachten, die entsprechenden Beziehungen für die untere Feder ergeben sich durch Austausch der Indizes.

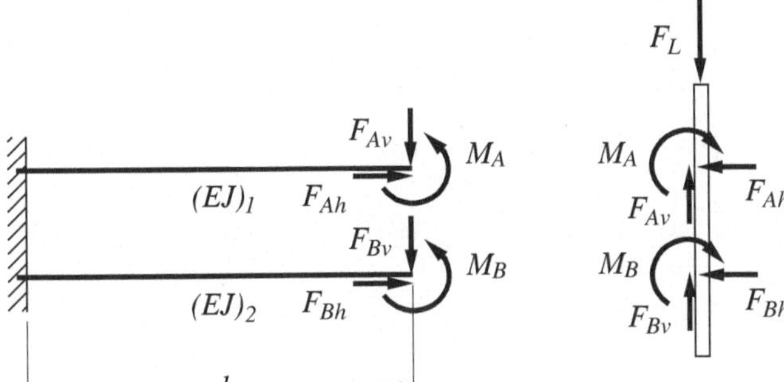

Abb. 29.2.

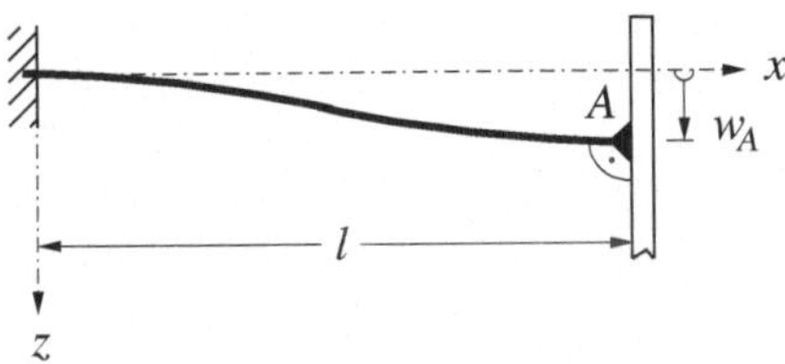

Abb. 29.3.

Mit dem Biegemoment $M_y(x) = M_A - F_{Av}(l - x)$ folgt gemäß Gl. (I.4)

$$(EJ)_1 w'' = -M_A + F_{Av}(l - x) \tag{29.1}$$

und durch Integration

$$(EJ)_1 w' = -M_A x + F_{Av}\left(lx - \frac{x^2}{2}\right) + C_1, \tag{29.2}$$

$$(EJ)_1 w = -M_A \frac{x^2}{2} + F_{Av}\left(l\frac{x^2}{2} - \frac{x^3}{6}\right) + C_1 x + C_2. \tag{29.3}$$

Wegen $w(0) = 0$, $w'(0) = 0$ ist $C_1 = 0$, $C_2 = 0$, und Gl. (29.2) liefert mit der Bedingung $w'(l) = 0$ den Zusammenhang

$$M_A = F_{Av}\frac{l}{2}. \tag{29.4}$$

Damit folgt aus Gl. (29.3)

$$w_A = \frac{1}{12(EJ)_1} F_{Av} l^3. \tag{29.5}$$

Aus der Forderung $w_A = w_B$ ergibt sich

$$F_{Bv} = F_{Av}\frac{(EJ)_2}{(EJ)_1}. \tag{29.6}$$

Eingesetzt in die Gleichgewichtsbedingung in vertikaler Richtung für den Stab,

$$F_L - F_{Av} - F_{Bv} = 0, \tag{29.7}$$

erhält man damit

$$F_{Av} = \frac{(EJ)_1}{(EJ)_1 + (EJ)_2} F_L, \tag{29.8}$$

und mit Gl. (29.4) schließlich aus Gl. (29.3) die gesuchte Verschiebung

$$w_{Stab} = w_A = \frac{1}{12[(EJ)_1 + (EJ)_2]} F_L l^3. \tag{29.9}$$

Bemerkung: Wegen der horizontalen Tangenten am linken und rechten Federende (und des Fehlens äußerer Belastungen im Bereich $0 < x < l$) ist die Biegelinie schiefsymmetrisch bezüglich der Federmitte (siehe Abb. 29.3). Somit ist an der Stelle $x = l/2$ ein Wendepunkt, und es verschwindet – wie aus dem Zusammenhang (I.4) ersichtlich – dort das Biegemoment, so daß sich die Deformation bei Einführung eines Gelenks in der Federmitte nicht ändern würde. Die Verschiebung w_A nach Gl. (29.5) kann daher auch direkt durch Anwendung der Formel (I.10) für zwei Kragträger der Länge $l/2$ mit der Belastung F_{Av} an den Trägerenden erhalten werden.

(b) Bei einem gelenkigen Anschluß der Federn an den starren Stab bei A und B wirken dort nur Vertikalkräfte (siehe Abb. 29.4), aber keine Momente (und daher auch keine Horizontalkräfte). Somit ergibt sich für die Absenkung w_A entweder aus Gl. (29.3) mit $C_1 = 0$, $C_2 = 0$ und $M_A = 0$ oder unmittelbar aus (I.10)

$$w_A = \frac{1}{3(EJ)_1} F_{Av} l^3. \tag{29.10}$$

Für die Verschiebungen der Federenden gilt wieder $w_A = w_B$. Mit der Gleichgewichtsbedingung (29.7) erhält man den gleichen Ausdruck (29.8) für F_{Av} wie in Fall (a) und damit schließlich

$$w_{Stab} = w_A = \frac{1}{3[(EJ)_1 + (EJ)_2]} F_L l^3. \tag{29.11}$$

Wie man sieht, ist die Verschiebung des Stabs bei gelenkigem Anschluß der Federn viermal so groß wie bei einer Verschweißung.

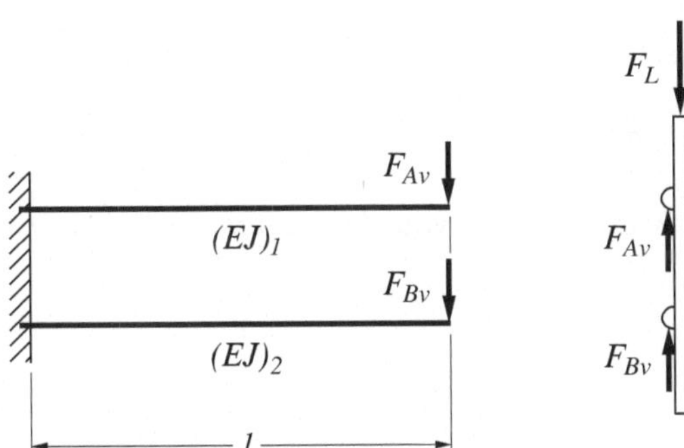

Abb. 29.4.

30. Träger mit Sechskantquerschnitt unter Gleichlast

Ein aus einem Sechskantrohr hergestellter Träger steht unter der Wirkung einer Gleichlast (siehe Abb. 30.1).

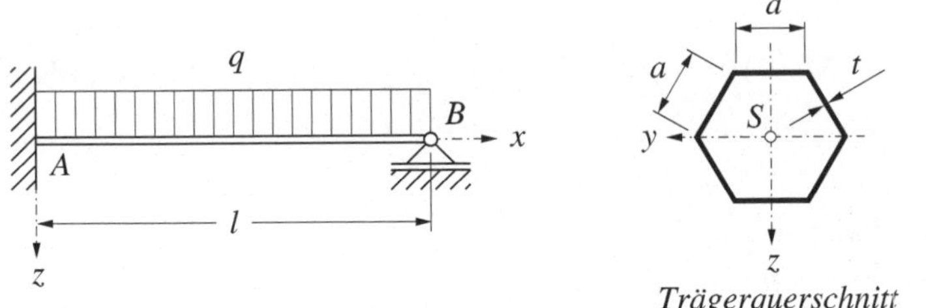

Trägerquerschnitt

Abb. 30.1.

Geg.: Gleichlast: q; Längen: a, l, t; dünnwandiger Sechskantquerschnitt mit $t/a \ll 1$; Elastizitätsmodul E

Ges.:

(a) Welche Auflagerreaktionen treten in A und B auf?

(b) Es ist das Flächenträgheitsmoment J_y des Querschnitts zu bestimmen.

(c) Wie groß ist die maximale Zugspannung im Träger?

Lösung

(a) Da die Auflagerreaktionen nicht allein mit Hilfe der Gleichgewichtsbedingungen berechnet werden können, liegt ein statisch unbestimmtes Problem vor und es muß auch die Verformung des Trägers betrachtet werden.

Zum Anschreiben der Gleichgewichtsbedingungen für den gesamten Träger kann die Gleichlast durch eine äquivalente Einzelkraft ql in der Trägermitte ersetzt werden (siehe Abb. 30.2), und man findet zunächst

$$F_A = -F_B + ql, \tag{30.1}$$

$$M_A = F_B l - q\frac{l^2}{2} \tag{30.2}$$

für die Auflagerreaktionen in A in Abhängigkeit von der vorerst unbekannten Kraft F_B.

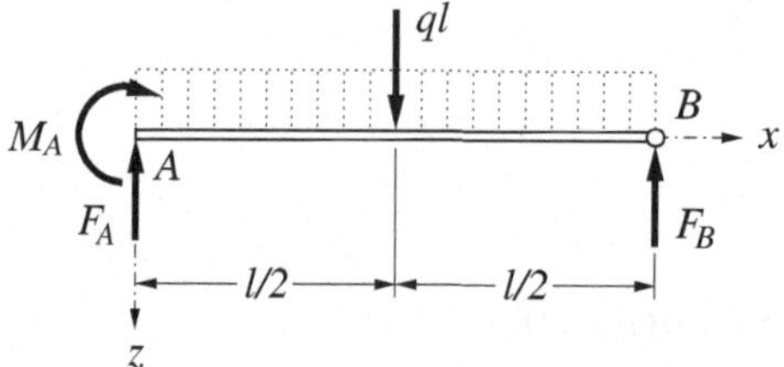

Abb. 30.2.

Für das Biegemoment an der Stelle x ergibt sich gemäß Abb. 30.3 (man beachte die Eintragung von M_y und Q_z am negativen Schnittufer!)

$$M_y(x) = F_B(l - x) - q\frac{(l - x)^2}{2}. \tag{30.3}$$

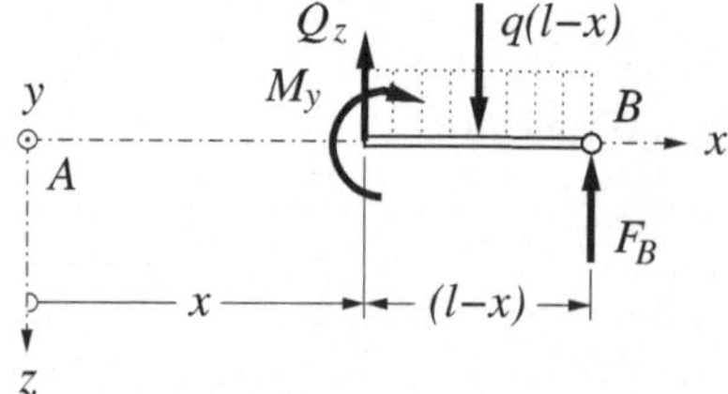

Abb. 30.3.

Einsetzen in die Differentialgleichung der Biegelinie und Integration liefert

$$EJ_y w'' = -F_B(l - x) + q\frac{(l - x)^2}{2}, \tag{30.4}$$

$$EJ_y w' = -F_B\left(lx - \frac{x^2}{2}\right) + \frac{q}{2}\left(l^2 x - lx^2 + \frac{x^3}{3}\right) + C_1, \tag{30.5}$$

$$EJ_y w = -F_B\left(l\frac{x^2}{2} - \frac{x^3}{6}\right) + \frac{q}{2}\left(l^2\frac{x^2}{2} - l\frac{x^3}{3} + \frac{x^4}{12}\right) + C_1 x + C_2. \tag{30.6}$$

Wegen der Einspannung bei A, das heißt $w(0) = 0$, $w'(0) = 0$, ist $C_1 = 0$, $C_2 = 0$, und aus Gl. (30.6) folgt mit der Bedingung $w(l) = 0$ der gesuchte Zusammenhang

$$F_B = \frac{3}{8}ql; \tag{30.7}$$

damit ergeben die Gln. (30.1) und (30.2) dann direkt

$$F_A = \frac{5}{8}ql, \tag{30.8}$$

$$M_A = -\frac{1}{8}ql^2. \tag{30.9}$$

Wie man sieht, sind diese Ergebnisse unabhängig von der Biegesteifigkeit EJ_y (und gelten daher auch für andere Trägerprofile, sofern nur die y- und z-Achse Trägheitshauptachsen sind).

(b) Zur nachfolgenden Berechnung der maximalen Zugspannung ist es erforderlich, das Flächenträgheitsmoment J_y des Querschnitts zu bestimmen. Dabei ist es vorteilhaft, dessen Symmetrieeigenschaften auszunützen. Weil bei dem gegebenen Sechskantrohr alle in der y-z-Ebene liegenden Achsen durch den Flächenschwerpunkt S Trägheitshauptachsen und die zugehörigen Flächenträgheitsmomente gleich groß sind, gilt gemäß Gl. (F.20) $J_y = J_z = J_x/2$; das polare Flächenträgheitsmoment J_x läßt sich auf einfache Weise ermitteln. Zunächst benötigt man J_{xS_R} eines einzelnen Rechteckstreifens bezüglich seines Schwerpunkts S_R (siehe Abb. 30.4): Wegen $J_{xS_R} = J_{yS_R} + J_{zS_R}$, wobei wegen $t/a \ll 1$ der erste Summand gegenüber dem zweiten vernachlässigbar ist (siehe Gl. (F.19)), gilt

$$J_{xS_R} = \frac{1}{12}ta^3. \tag{30.10}$$

Anwendung des Steinerschen Satzes (F.17) liefert dann – wenn der Verschnitt unberücksichtigt bleibt – für den Gesamt-Querschnitt

$$J_x = 6\left(\frac{1}{12}ta^3 + h^2 at\right), \tag{30.11}$$

woraus sich mit

$$h = a\,\sin\frac{\pi}{3} = a\frac{\sqrt{3}}{2} \tag{30.12}$$

schließlich der gesuchte Wert

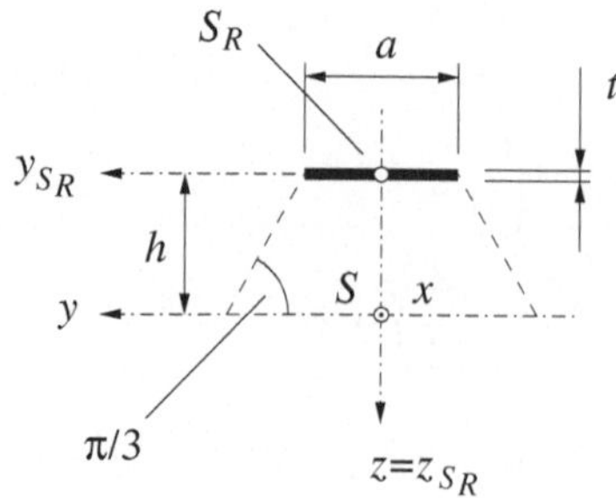

Abb. 30.4.

$$J_y = \frac{J_x}{2} = \frac{5}{2} t a^3 \tag{30.13}$$

ergibt.

(c) Weil im Träger keine Normalkraft wirkt und der Querschnitt symmetrisch bezüglich der y-Achse ist, fällt nach Gl. (I.1) die Stelle des Auftretens der maximalen Zugspannung mit der Stelle des betragsmäßig größten Biegemoments zusammen.

Gemäß den Gln. (30.3) und (30.7) ist

$$M_y(x) = \frac{q}{8}\left(-l^2 + 5lx - 4x^2\right). \tag{30.14}$$

Das betragsmäßig größte Biegemoment kann entweder an einem Ort mit verschwindender erster Ableitung von $M_y(x)$ oder an der Einspannstelle, $x = 0$, auftreten. Wie man durch Differenzieren von Gl. (30.14) zeigt, gilt

$$\left.\frac{dM_y}{dx}\right|_{x=\frac{5}{8}l} = 0; \tag{30.15}$$

für das zugehörige extremale Biegemoment findet man

$$M_y\left(\frac{5}{8}l\right) = \frac{9}{128}ql^2. \tag{30.16}$$

Da aber

$$M_y(0) = -\frac{1}{8}ql^2 \tag{30.17}$$

und somit $|M_y(0)| > M_y\left(5l/8\right)$ ist, tritt die maximale Zugspannung an der Einspannstelle A im oberen Rand des Trägers auf und lautet

$$\sigma_{x,max} = \frac{M_y(0)}{J_y} \cdot (-h) = \frac{\sqrt{3}ql^2}{40ta^2}. \tag{30.18}$$

3.4 Biegung und Zug

31. Träger unter Gleichlast mit zusätzlicher Abstützung durch einen Zugstab

Ein Träger unter der Wirkung einer Gleichlast ist durch einen starren Stab mit einem Zugstab verbunden (siehe Abb. 31.1).

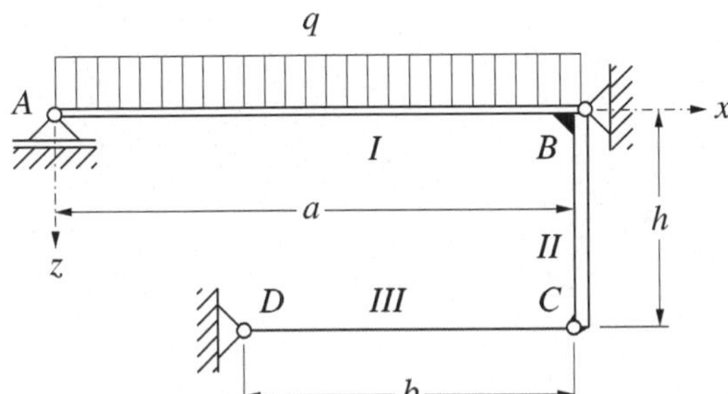

Abb. 31.1.

Geg.: Längen: a, b, h; Gleichlast: q. Der Träger I mit der Biegesteifigkeit $E_I J_y$ ist im Punkt B rechtwinkelig mit dem starren Stab II verschweißt, der an seinem unteren Ende gelenkig mit dem Zugstab III mit der Zugsteifigkeit $E_{III} A$ verbunden ist.

Ges.:

(a) Es ist die Kraft F_C im Zugstab zu berechnen.

(b) Der Verlauf von Querkraft und Biegemoment im Träger I ist zu bestimmen und zu skizzieren.

Lösung

(a) Auf das aus dem Träger I und dem starren Stab II bestehende Teilsystem wirken die auf Abb. 31.2 eingezeichneten vier Reaktionskräfte F_{Az}, F_{Bx}, F_{Bz} und F_C. Diese können nicht allein mit Hilfe der drei Gleichgewichtsbedingungen berechnet werden, sodaß ein statisch unbestimmtes Problem vorliegt und die Deformationen des Trägers und des Zugstabs in die Überlegungen mit einbezogen werden müssen.

Zum Berechnen des Biegemoments im Träger I wird die Gleichlast im linken Trägerteil durch eine äquivalente Einzelkraft qx ersetzt (siehe Abb. 31.2, rechte Teilskizze). Für das Biegemoment an der Stelle x erhält man dann

$$M_y(x) = -F_{Az}\, x - q\frac{x^2}{2} \tag{31.1}$$

mit der vorerst unbekannten Kraft F_{Az}. Einsetzen von $M_y(x)$ in die Differentialgleichung der Biegelinie und Integration ergibt

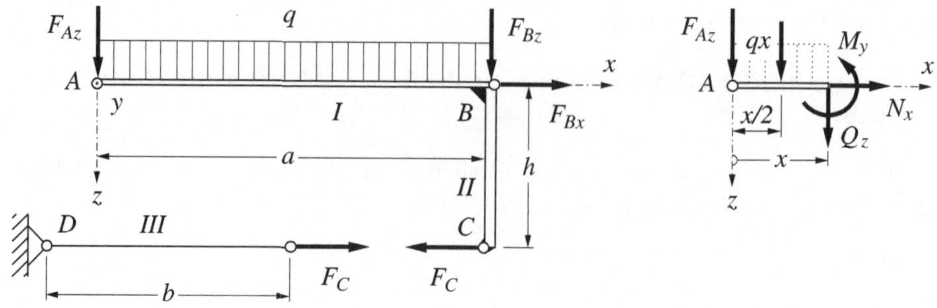

Abb. 31.2.

$$E_I J_y w'' = F_{Az} x + q \frac{x^2}{2}, \tag{31.2}$$

$$E_I J_y w' = F_{Az} \frac{x^2}{2} + q \frac{x^3}{6} + C_1, \tag{31.3}$$

$$E_I J_y w = F_{Az} \frac{x^3}{6} + q \frac{x^4}{24} + C_1 x + C_2. \tag{31.4}$$

Die Integrationskonstanten C_1 und C_2 errechnen sich aus den Randbedingungen: $w(0) = 0$ liefert

$$C_2 = 0, \tag{31.5}$$

und $w(a) = 0$ führt auf

$$C_1 = -F_{Az} \frac{a^2}{6} - q \frac{a^3}{24}. \tag{31.6}$$

Bemerkung: In Zusammenhang mit der Ermittlung von C_1 sei besonders darauf hingewiesen, daß keinesfalls eine horizontale Tangente bei $x = a/2$ postuliert werden darf, da trotz des reibungsfreien Lagers bei B dort zufolge des angeschweißten Stabs *II* ein Biegemoment auftritt.

Aufgrund der auf Abb. 31.3 skizzierten Bauteildeformationen läßt sich für kleine Winkel φ die geometrische Beziehung

$$h\varphi = -hw'(a) = u_C \tag{31.7}$$

formulieren (wegen der einander entgegengesetzten positiven Zählrichtungen von φ und dw/dx ist $\varphi = -w'(a)$). Mit Hilfe der Momentengleichgewichtsbedingung bezüglich des Punktes B kann F_{Az} durch F_C ausgedrückt werden (siehe Abb. 31.2),

$$F_{Az} = F_C \frac{h}{a} - q \frac{a}{2}, \tag{31.8}$$

und damit ergibt sich zunächst aus Gl. (31.3) für die Neigung der Biegelinie in B

$$w'(a) = \frac{1}{E_I J_y} \left(F_C \frac{ah}{3} - q \frac{a^3}{24} \right). \tag{31.9}$$

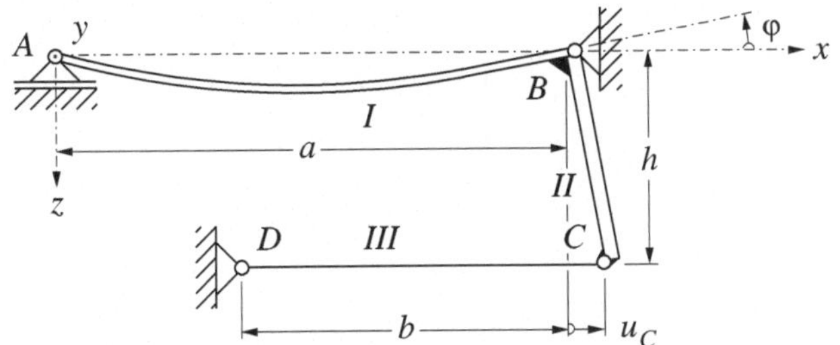

Abb. 31.3.

Gemäß Gl. (H.2) gilt für die Verlängerung u_C des Zugstabs

$$u_C = \frac{F_C b}{E_{III} A},$$ (31.10)

und zusammen mit den Gln. (31.7) und (31.9) findet man schließlich

$$F_C = qa \frac{\dfrac{a}{8h}}{1 + \dfrac{3 E_I J_y b}{E_{III} A a h^2}}.$$ (31.11)

Bemerkung 1: Im Sonderfall eines starren Stabs *III* gilt $E_{III} \to \infty$ und deshalb $F_C = qa^2/8h$. Der Träger verformt sich dann wie ein im Punkt *B* eingespannter Träger mit dem dort auftretenden Einspannmoment $|M_B| = F_C h = qa^2/8$.

Bemerkung 2: Ausdrücke der Art (31.11) mit Summen im Nenner sind typisch für zusammengesetzte statisch unbestimmte Stabwerke, und es wären unterschiedliche Vorzeichen der Summanden ein sicheres Indiz für einen Rechenfehler, da dann durch geeignete Parameterkombination der Nenner zu null (und damit in diesem Fall die Kraft F_C unendlich) gemacht werden könnte!

(b) Ausgedrückt durch F_C lautet das Biegemoment im Träger *I* (siehe Gln. (31.1) und (31.8))

$$M_y(x) = -F_C h \frac{x}{a} + q \frac{a^2}{2} \left[\frac{x}{a} - \left(\frac{x}{a} \right)^2 \right].$$ (31.12)

Die Querkraft kann aus dem Kräftegleichgewicht des auf Abb. 31.2 rechts skizzierten Trägerteils in vertikaler Richtung gewonnen werden,

$$Q_z(x) = -F_{Az} - qx = -F_C \frac{h}{a} + \frac{qa}{2} \left(1 - 2 \frac{x}{a} \right),$$ (31.13)

und stimmt entsprechend der Beziehung (D.3) mit der Ableitung von $M_y(x)$ überein.

Auf Abb. 31.4 sind diese Abhängigkeiten qualitativ dargestellt. Es sei darauf hingewiesen, daß gemäß Gl. (I.4) an der Stelle des Vorzeichenwechsels von $M_y(x)$ die Biegelinie eine Wendetangente aufweist.

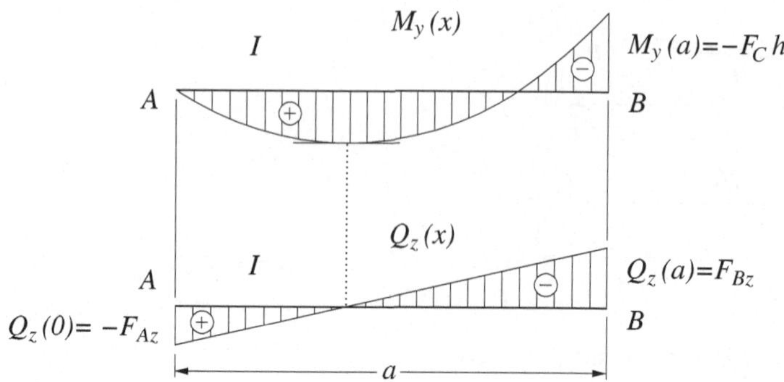

Abb. 31.4.

32. Verspannter Stab

Ein Stab mit quadratischem Querschnitt wird durch eine Stange gegen eine Wand verspannt (siehe Abb. 32.1).

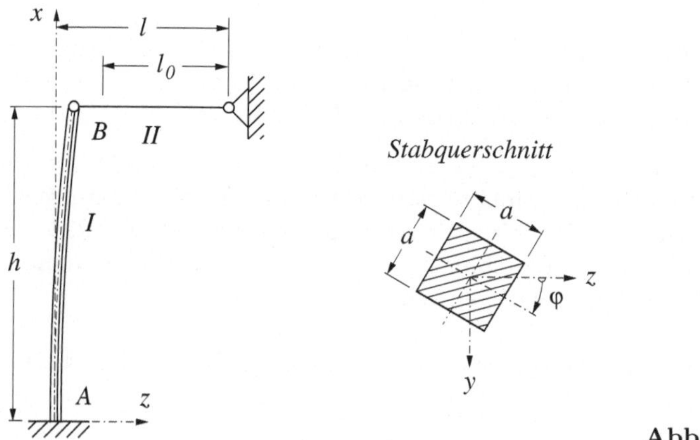

Abb. 32.1.

Geg.: Längen: a, h, l; Winkel: φ. Der Stab I mit dem skizzierten Querschnitt und dem Elastizitätsmodul E ist durch die Stange II mit der Zugsteifigkeit EA und der ungedehnten Länge $l_0 < l$ gelenkig mit einem festen Auflager verbunden.

Ges.: Es sind die Kraft F_B in der Stange und die maximale Zugspannung $\sigma_{x,max}$ im Stab I in Abhängigkeit vom Verdrehwinkel φ $(0 \le \varphi \le \pi/4)$ des quadratischen Stabquerschnitts gegen die z-Achse zu ermitteln.

Lösung

Da das Flächenträgheitsmoment des quadratischen Stabquerschnitts bezüglich jeder Achse in der Ebene durch den Mittelpunkt gleich groß ist, gilt für jede

Winkellage gemäß Gl. (F.19)

$$J_y = J_z = \frac{a^4}{12} := J. \tag{32.1}$$

Der Randfaserabstand e, der zum Bestimmen der Spannung $\sigma_{x,max}$ benötigt wird, ist jedoch vom Verdrehwinkel φ abhängig (siehe Abb. 32.2):

$$e = \frac{a\sqrt{2}}{2}\cos(\frac{\pi}{4} - \varphi), \qquad 0 \le \varphi \le \frac{\pi}{4}. \tag{32.2}$$

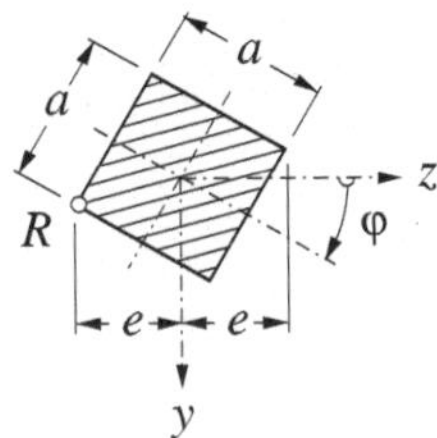

Abb. 32.2.

Wegen $l_0 < l$ wird die Stange II gedehnt zufolge der Kraft F_B (siehe Abb. 32.3), die auch für den Stab I eine Einspannkraft und ein Einspannmoment in A hervorruft. Diese Unbekannten können nicht allein mit Hilfe der Gleichgewichtsbedingungen berechnet werden (die im Rahmen der Technischen Biegelehre selbstverständlich auf das unverformte System anzuwenden sind), weshalb ein statisch unbestimmtes Problem vorliegt und die Verformungen des Stabs und der Stange betrachtet werden müssen.

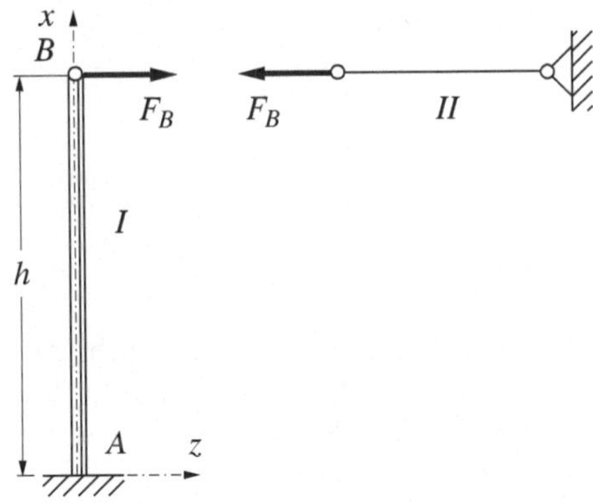

Abb. 32.3.

Da J vom Winkel φ unabhängig ist, ist auch die Durchbiegung w_B des Stabendes zufolge der Kraft F_B unabhängig von φ, und es gilt gemäß der Formel (I.10) für einen Kragträger

$$w_B = \frac{1}{3EJ}F_B h^3.$$ (32.3)

Die Verlängerung Δl der Stange ergibt sich gemäß Gl. (H.2) zu

$$\Delta l = \frac{F_B l_0}{EA}.$$ (32.4)

Wie auf Abb. 32.4 skizziert, besteht zwischen der Verschiebung des Stabendes und der Verlängerung der Stange der Zusammenhang

$$l - w_B = l_0 + \Delta l,$$ (32.5)

und man findet zusammen mit den Gln. (32.3) und (32.4) unter Beachtung von Gl. (32.1) die von φ unabhängige Beziehung

$$F_B = EA\frac{\dfrac{l}{l_0} - 1}{1 + \dfrac{4h^3 A}{a^4 l_0}}.$$ (32.6)

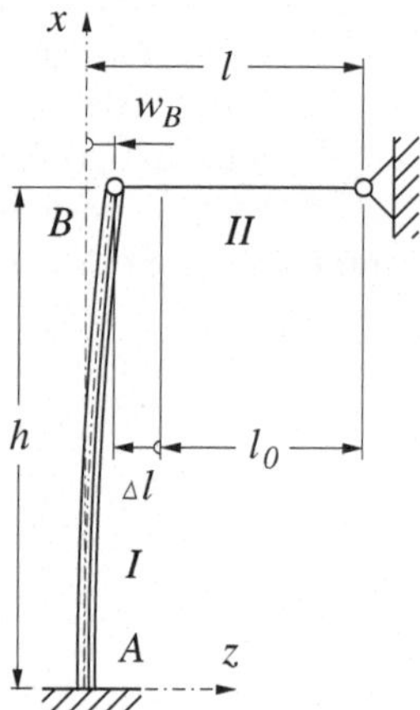

Abb. 32.4.

Die größte Zugspannung $\sigma_{x,max}$ im Stab I tritt im Einspannquerschnitt A, wo das Biegemoment seinen Extremwert $M_{yA} = -F_B h$ hat, im Eckpunkt R auf (siehe Abb. 32.2). Gemäß Gl. (I.2) ergibt sich mit dem Randfaserabstand nach Gl. (32.2) und dem Flächenträgheitsmoment nach Gl. (32.1)

$$\sigma_{x,max}(\varphi) = \frac{-F_B h}{J}(-e) = 6\sqrt{2}\frac{F_B h}{a^3}\cos\left(\frac{\pi}{4} - \varphi\right).$$ (32.7)

Den Extremwert $\sigma^*_{x,max}$ nimmt, wie auch aus Abb. 32.2 leicht zu erkennen ist, die Zugspannung bei $\varphi = \varphi^* = \pi/4$ an, und es gilt $\sigma^*_{x,max} = 6\sqrt{2}F_B h/a^3$.

3.5 Torsion, Biegung und Torsion

33. Torsionsstab mit Drehfeder

Ein an einem Torsionsstab befestigter Zeiger zeigt den Verdrehwinkel an (siehe Abb. 33.1).

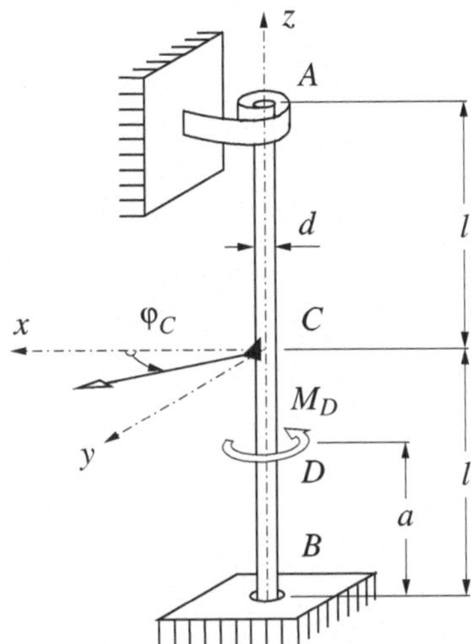

Abb. 33.1.

Geg.: Längen: a, l, Durchmesser d des Torsionsstabs mit Vollkreisquerschnitt; Torsionsmoment: M_D; maximal zulässige Schubspannung: τ_{zul}; Schubmodul: G. Der Torsionsstab ist am oberen Ende A durch eine lineare Drehfeder mit der Drehfederkonstante c_T (entspannt bei $\varphi_C = 0$) befestigt.

Ges.:

(a) Für den Fall reibungsfreier Verdrehbarkeit des Torsionsstabs in B um die z-Achse ist der Zeigerausschlagwinkel φ_C zu ermitteln.

(b) Wie groß ist φ_C, wenn der Torsionsstab so in B eingespannt wird, daß er im unbelasteten Zustand spannungsfrei ist? Welches maximale Torsionsmoment, M_{Dzul}, darf unter Berücksichtigung von τ_{zul} dann aufgebracht werden?

Lösung

(a) Bei freier Verdrehbarkeit in B liegt ein statisch bestimmtes System unter der Einwirkung des äußeren Moments M_D vor.

Die Drehfeder übt auf das obere Ende des Torsionsstabs ein dem Lastmoment M_D gegengleiches Moment aus (somit ist im Abschnitt 1 ($-l + a < z < l$) das Torsionsmoment konstant, $M_T(z) = -M_D$, im Abschnitt 2 ($-l \leq z < -l + a$)

verschwindet M_T). Wegen der linearen Charakteristik der Drehfeder ergibt sich daher der Verdrehwinkel in A zu

$$\varphi_A = \frac{M_D}{c_T}. \tag{33.1}$$

Gemäß Gl. (J.1) gilt also

$$\varphi_C = \varphi_A + \frac{M_D l}{G J_p} = M_D \left(\frac{1}{c_T} + \frac{l}{G J_p} \right) \tag{33.2}$$

mit $J_p = \pi d^4 / 32$.

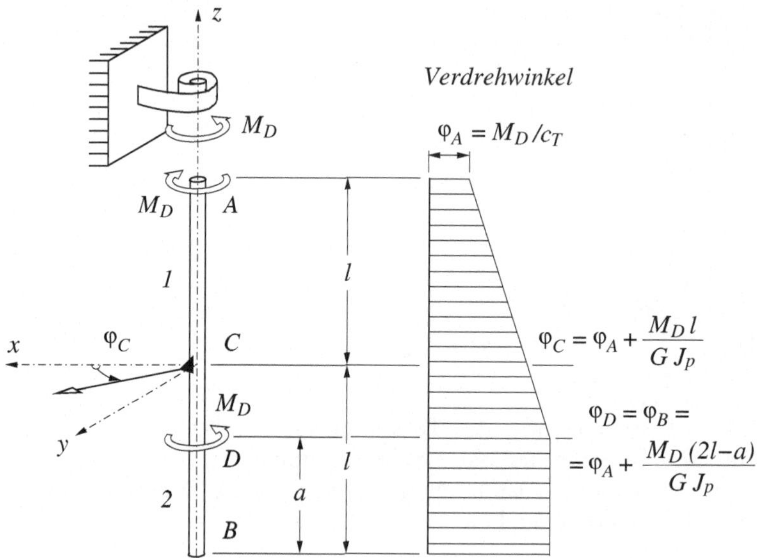

Abb. 33.2.

Eine Skizze des Verlaufs des Verdrehwinkels $\varphi(z)$ ist auf Abb. 33.2 zu sehen: Im Bereich 1 wächst φ linear an, wohingegen wegen $M_T = 0$ im Abschnitt 2 der Verdrehwinkel konstant ist, $\varphi_D = \varphi_B = \varphi_A + M_D(2l - a)/(GJ_p)$.

(b) Im Fall einer festen Einspannung in B ist das System statisch unbestimmt, und es muß die Verformung des Stabs betrachtet werden.

Abbildung 33.3 zeigt den bei D aufgetrennten Stab: Es gilt

$$M_1 + M_2 = M_D \tag{33.3}$$

(wobei das Torsionsmoment $M_T(z)$ in den Abschnitten 1 und 2 jeweils konstant ist). Der Verdrehwinkel wächst von B (mit $\varphi_B = 0$) bis D linear an und nimmt dann wieder linear ab. Die Bedingung der Kontinuität des Verdrehwinkels in D, wenn dieser einmal durch M_1 und einmal durch M_2 ausgedrückt wird, liefert die zweite Gleichung zur Bestimmung der unbekannten Momente:

$$\varphi_D = \frac{M_1}{c_T} + \frac{M_1(2l - a)}{GJ_p} = \frac{M_2 a}{GJ_p}. \tag{33.4}$$

Mit Gl. (33.3) folgt daraus

$$M_1 = \frac{M_D a}{2l + \dfrac{GJ_p}{c_T}}, \tag{33.5}$$

$$M_2 = \frac{M_D(2l - a) + \dfrac{GJ_p}{c_T}}{2l + \dfrac{GJ_p}{c_T}}. \tag{33.6}$$

Für den Verdrehwinkel des Zeigers ergibt sich mit $\varphi_C = \varphi_A + M_1 l/(GJ_p)$ dann

$$\varphi_C = \frac{M_D a \left(\dfrac{1}{c_T} + \dfrac{l}{GJ_p} \right)}{2l + \dfrac{GJ_p}{c_T}}. \tag{33.7}$$

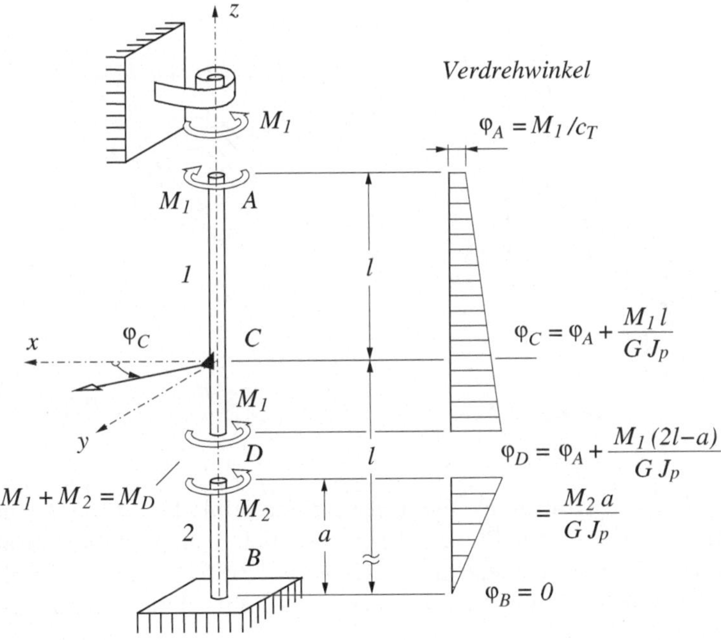

Abb. 33.3.

Ist, wie in der Angabe dargestellt, $a < l$, so muß nach den Gln. (33.5) und (33.6) $M_1 < M_2$ gelten. Die maximale Schubspannung tritt daher im Abschnitt 2 auf und beträgt gemäß Gl. (J.2)

$$\tau_{max} = \frac{M_2 d}{2 J_p}.$$

(33.8)

Das maximal zulässige Torsionsmoment errechnet sich aus $\tau_{max} = \tau_{zul}$ unter Beachtung von Gl. (33.6) dann zu

$$M_{Dzul} = \frac{\pi \tau_{zul} d^3 \left(2l + \dfrac{\pi G d^4}{32 c_T} \right)}{16 \left[(2l - a) + \dfrac{\pi G d^4}{32 c_T} \right]},$$

(33.9)

wobei J_p mit Hilfe des Stabdurchmessers d ausgedrückt wurde.

34. Tragwerk unter Biege-, Torsions- und Zugbeanspruchung

Ein räumliches Tragwerk mit einem starren Teil wird durch zwei Einzelkräfte belastet (siehe Abb. 34.1).

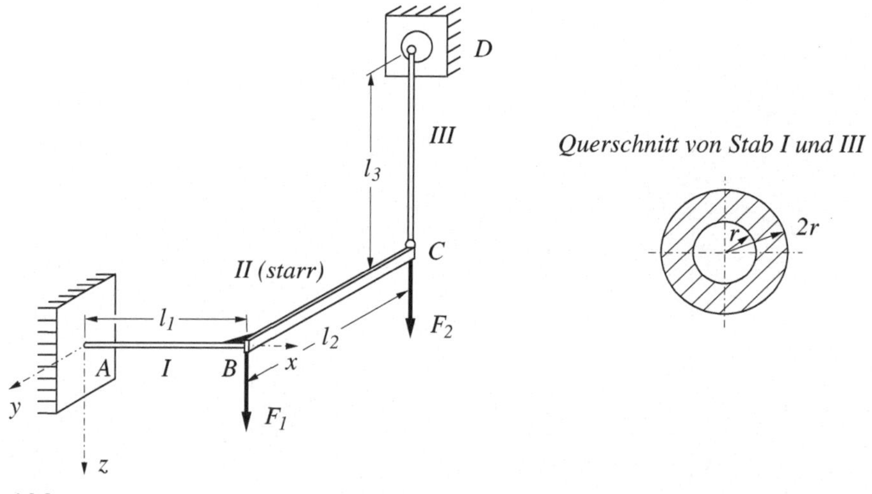

Abb. 34.1.

Geg.: Längen: l_1, l_2, l_3, r; Kräfte: F_1, F_2; Elastizitätsmodul der Stäbe I und III: E; Querdehnungszahl: ν. Im Punkt B sind der bei A eingespannte Stab I und der starre Teil II rechtwinkelig miteinander verschweißt, in den Punkten C und D befinden sich reibungsfreie Kugelgelenke. Ohne Belastung ist das System spannungsfrei.

Ges.:

(a) Es sind die Absenkungen w_B und w_C zu bestimmen.

(b) Wie muß das Verhältnis F_1/F_2 gewählt werden, damit sich der Teil II horizontal absenkt?

Lösung

(a) Da das Tragwerk statisch unbestimmt ist, müssen zum Berechnen der Beanspruchungen die Verformungen betrachtet werden.

Zunächst ergeben sich die Querschnittsdaten der Stäbe I und III zu (siehe Gl. (F.18))

$$A = 3\pi r^2, \quad J_p = \frac{15\pi}{2} r^4, \quad J_y = \frac{15\pi}{4} r^4, \tag{34.1}$$

wobei aus dem polaren Flächenträgheitsmoment J_p unter Beachtung von $G = E/[2(1 + \nu)]$ die Drillsteifigkeit

$$GJ_p = \frac{15\pi E}{4(1 + \nu)} r^4 \tag{34.2}$$

folgt.

Im nächsten Schritt wird das Tragwerk in den Punkten B und C aufgetrennt, und es sind an den Trennstellen die zunächst unbekannten Reaktionen, die Kräfte F_B und F_C und das Moment M_B, gemäß Abb. 34.2 anzubringen; daß dies die einzigen auftretenden Komponenten sind, ist aus dem Momentengleichgewicht des Stabs III bezüglich D leicht ersichtlich.

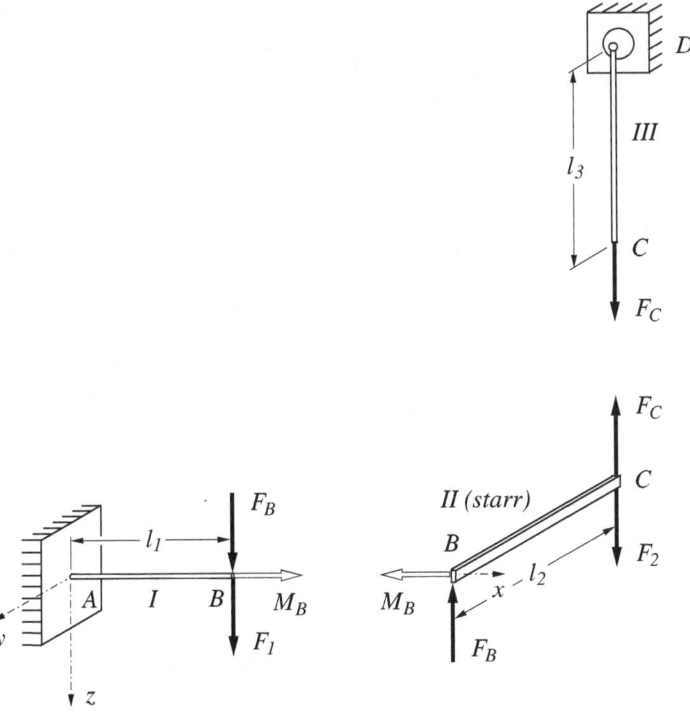

Abb. 34.2.

Bemerkung: Es ist dabei gleichgültig, ob etwa die gegebene Kraft F_1 auf den Stab I oder den starren Teil II wirkend eingezeichnet wird, da diese Wahl nur die Form der Ausgangsgleichungen, aber selbstverständlich nicht die Ergebnisse beeinflußt. Dies gilt natürlich ebenso für die eingeführten positiven Richtungssinne der Reaktionen auf Abb. 34.2.

Die Gleichgewichtsbedingungen für den Teil II lauten (die Betrachtung des Gleichgewichts des Stabs I trägt nichts zur Lösung bei):

$$F_2 - F_B - F_C = 0, \tag{34.3}$$

$$-M_B - F_B l_2 = 0 \quad \Rightarrow \quad M_B = -F_B l_2. \tag{34.4}$$

Für die Absenkung w_B des Kragträgers I findet man gemäß Gl. (I.10)

$$w_B = \frac{(F_1 + F_B) l_1^3}{3EJ_y}, \tag{34.5}$$

die Verlängerung w_C des Zugstabs ergibt sich nach Gl. (H.2) zu

$$w_C = \frac{F_C l_3}{EA}. \tag{34.6}$$

Da der Stab I infolge der Verschweißung in B auch tordiert wird, setzt sich die Absenkung des Endpunkts C von Teil II additiv aus derjenigen von B und einem von der Verdrehung herrührenden Anteil zusammen (siehe Abb. 34.3, wo $w_B < w_C$ vorausgesetzt wurde), sodaß die geometrische Bedingung

$$w_C = w_B + \varphi l_2 \tag{34.7}$$

mit dem Verdrehwinkel (entsprechend Gl. (J.1))

$$\varphi = -\frac{M_B l_1}{GJ_p} \tag{34.8}$$

lautet.

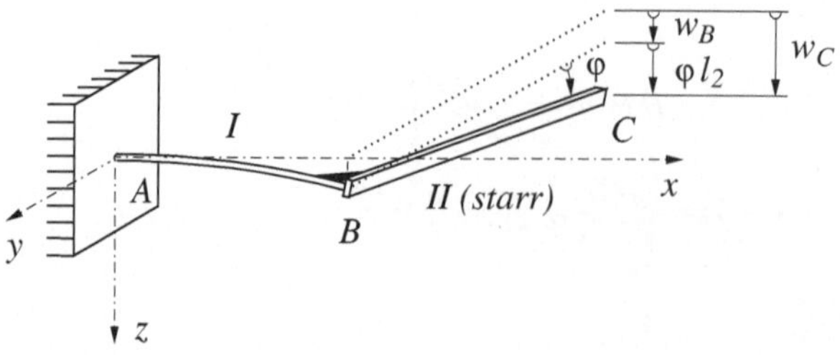

Abb. 34.3.

Wird φ mit Hilfe von Gl. (34.4) durch F_B ausgedrückt, so bildet Gl. (34.7) nach Einsetzen der Ausdrücke für φ, w_B und w_C zusammen mit Gl. (34.3) ein

System von zwei Gleichungen zur Bestimmung der beiden Unbekannten F_B und F_C. Man findet

$$F_B = \frac{-F_1 \dfrac{l_1^3}{3EJ_y} + F_2 \dfrac{l_3}{EA}}{\dfrac{l_1^3}{3EJ_y} + \dfrac{l_1 l_2^2}{GJ_p} + \dfrac{l_3}{EA}}, \tag{34.9}$$

und F_C folgt dann aus Gl. (34.3). Damit können schließlich die gesuchten Absenkungen aus Gl. (34.5) beziehungsweise Gl. (34.6) berechnet werden:

$$w_B = \frac{l_1^3}{3EJ_y} \cdot \frac{F_1 \left(1 + \dfrac{l_1 l_2^2 EA}{l_3 GJ_p}\right) + F_2}{1 + \dfrac{l_1^3 A}{3 l_3 J_y} + \dfrac{l_1 l_2^2 EA}{l_3 GJ_p}}, \tag{34.10}$$

$$w_C = \frac{l_1^3}{3EJ_y} \cdot \frac{F_1 + F_2 \left(1 + \dfrac{3 l_1 l_2^2 EJ_y}{l_1^3 GJ_p}\right)}{1 + \dfrac{l_1^3 A}{3 l_3 J_y} + \dfrac{l_1 l_2^2 EA}{l_3 GJ_p}}. \tag{34.11}$$

Bemerkung: Es sei besonders darauf hingewiesen, daß sich selbstverständlich auch bei diesem im Rahmen der Technischen Biegelehre behandelten Problem die Deformationen unter der Gesamtbelastung additiv aus jenen zufolge F_1 allein und jenen zufolge F_2 allein zusammensetzen!

(b) Bei horizontaler Absenkung des starren Teils *II* muß $w_B = w_C$ gelten, und man findet aus den Gln. (34.10) und (34.11) das (unter der getroffenen Voraussetzung gleicher Materialeigenschaften der Stäbe *I* und *III* davon unabhängige) Ergebnis

$$\frac{F_1}{F_2} = \frac{3 l_3 J_y}{l_1^3 A}. \tag{34.12}$$

Bemerkung: Dieses kann man auch durch folgende Überlegung erhalten: bei horizontaler Absenkung ist $\varphi = 0$, sodaß aus Gl. (34.8) $M_B = 0$ und damit aus Gl. (34.4) auch $F_B = 0$ (sowie nach Gl. (34.3) $F_C = F_2$) folgt. Der Teil 2 überträgt also keine Kraft, und das Resultat (34.12) läßt sich direkt aus der Beziehung (34.9) gewinnen.

35. Torsionsstab mit zusätzlicher Abstützung durch einen Biegeträger

Ein Tragwerk aus einem Torsionsstab und einem damit verschweißten Träger wird durch ein Moment belastet (siehe Abb. 35.1).

Geg.: Längen: l_1, l_2, l_3; Moment: M_D; Biegesteifigkeit des Trägers *I*: EJ_y; Drillsteifigkeit des Torsionsstabs (mit den Abschnitten *II* und *III*): GJ_p. Im Punkt B

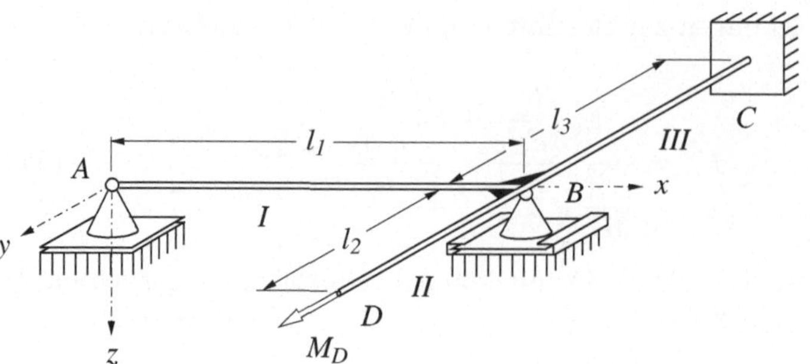

Abb. 35.1.

ist der bei C eingespannte Torsionsstab rechtwinkelig mit dem Träger I verschweißt. Die Kugelgelenke bei A und B sind reibungsfrei.

Ges.:

(a) Es ist das Einspannmoment M_C bei C zu berechnen.

(b) Wie groß ist der Verdrehwinkel φ_D des Endquerschnitts D?

Lösung

(a) Wegen der statischen Unbestimmtheit des Systems ist zum Ermitteln der Auflagerreaktionen die Betrachtung der Verformungen erforderlich. Die Neigung der Biegelinie des Trägers I in B muß dem Betrag nach mit dem Verdrehwinkel des Torsionsstabs an dieser Stelle übereinstimmen.

Zunächst wird das Tragwerk gemäß Abb. 35.2 in B aufgetrennt. Für die Auflagerkraft in A folgt aus dem Momentengleichgewicht des Trägers I bezüglich B

$$F_A = \frac{M_C - M_D}{l_1}. \tag{35.1}$$

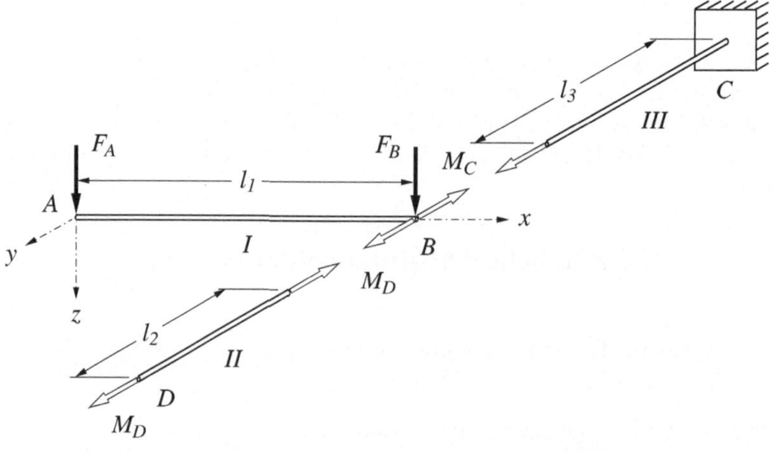

Abb. 35.2.

Einsetzen des Biegemoments $M_y = -F_A x$ in die Differentialgleichung der Biegelinie und Integration ergibt für den Träger I

$$EJ_y w'' = F_A x, \tag{35.2}$$

$$EJ_y w' = F_A \frac{x^2}{2} + C_1, \tag{35.3}$$

$$EJ_y w = F_A \frac{x^3}{6} + C_1 x + C_2. \tag{35.4}$$

Die Integrationskonstanten C_1 und C_2 sind durch die Randbedingungen bestimmt; aus $w(0) = 0$ folgt

$$C_2 = 0, \tag{35.5}$$

und $w(l_1) = 0$ liefert

$$C_1 = -F_A \frac{l_1^2}{6}. \tag{35.6}$$

Aus Gl. (35.3) erhält man damit dann die Neigung der Biegelinie in B und daher auch den Verdrehwinkel des Torsionsstabs beim Auflager B (siehe Abb. 35.3),

$$\varphi_B = -w'(l_1) = -F_A \frac{l_1^2}{3EJ_y} \tag{35.7}$$

(wegen der einander entgegengesetzten positiven Zählrichtungen von φ und dw/dx ist $\varphi_B = -w'(l_1)$). Da nach Gl. (J.1) die Abhängigkeit des Verdrehwinkels φ_B vom Torsionsmoment M_C durch

$$\varphi_B = \frac{M_C l_3}{G J_p} \tag{35.8}$$

gegeben ist, folgt daraus zusammen mit Gl. (35.7) und der Gleichgewichtsbedingung (35.1) schließlich das gesuchte Einspannmoment

$$M_C = \frac{M_D}{1 + \dfrac{3 l_3 E J_y}{l_1 G J_p}}. \tag{35.9}$$

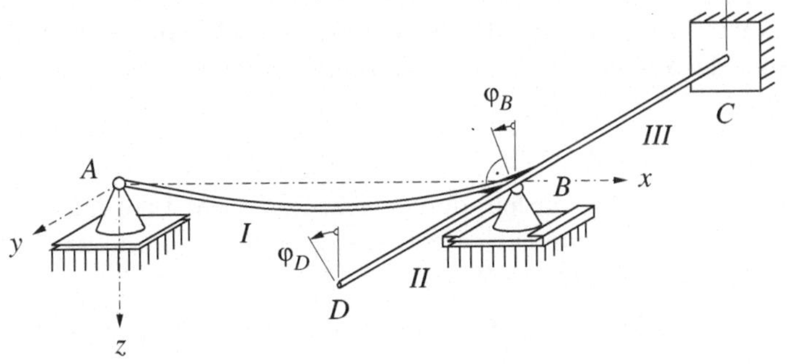

Abb. 35.3.

(b) Der Verdrehwinkel φ_D des Endquerschnitts D ist durch

$$\varphi_D = \varphi_B + \frac{M_D l_2}{G J_p} \qquad (35.10)$$

bestimmt. Mit φ_B nach Gl. (35.8) ergibt sich mit Gl. (35.9) der gesuchte Winkel,

$$\varphi_D = \frac{M_D l_2}{G J_p} \left(1 + \frac{\dfrac{l_3}{l_2}}{1 + \dfrac{3 l_3 E J_y}{l_1 G J_p}} \right). \qquad (35.11)$$

36. Zwei durch eine Lasche verbundene Stäbe

Zwei beidseitig eingespannte Stäbe mit Kreisquerschnitt sind durch eine starre Lasche verbunden, an der eine Einzelkraft angreift (siehe Abb. 36.1).

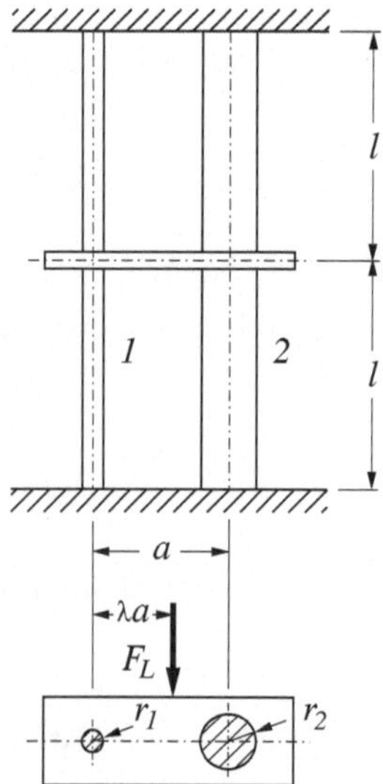

Abb. 36.1.

Geg.: Längen: a, l, r_1, r_2; Kraft: F_L; Stäbe 1 und 2: Elastizitätsmodul E und Schubmodul G. Die starre Lasche ist mit den Stäben fest verschweißt, ihre Dicke ist sehr klein gegenüber der Länge l. Die Kraft F_L greift im Abstand λa von der Achse des Stabs 1 an.

Ges.:

(a) Wie groß muß $\lambda = \lambda_1$ gewählt werden, damit sich die Lasche translatorisch verschiebt? Welche Einspannmomente ergeben sich dann, und wie groß ist die Ersatzfederkonstante des Systems?

(b) Wie groß muß $\lambda = \lambda_2$ gewählt werden, damit Stab 1 nur verdreht und nicht gebogen wird?

Lösung

Das vorliegende System ist statisch unbestimmt. Es ist zweckmäßig, vorab die Durchbiegung eines beidseitig eingespannten Trägers der Länge $2l$ unter einer Einzelkraft F in der Mitte zu berechnen (siehe Abb. 36.2, wo bereits von der Symmetrie Gebrauch gemacht wurde). Mit dem Biegemoment

$$M_y(x) = \frac{F}{2}x - M_E \qquad \text{für} \quad 0 \leq x \leq l \tag{36.1}$$

folgt durch Einsetzen in die Differentialgleichung der Biegelinie und Integration

$$EJ_y w'' = -F\frac{x}{2} + M_E, \tag{36.2}$$

$$EJ_y w' = -F\frac{x^2}{4} + M_E x + C_1, \tag{36.3}$$

$$EJ_y w = -F\frac{x^3}{12} + M_E\frac{x^2}{2} + C_1 x + C_2. \tag{36.4}$$

Die Randbedingungen liefern

$$w(0) = 0: \quad C_2 = 0, \quad w'(0) = 0: \quad C_1 = 0, \tag{36.5}$$

und mit der aus der Symmetrie folgenden Bedingung $w'(l) = 0$ ergibt sich aus Gl. (36.3)

$$M_E = F\frac{l}{4}. \tag{36.6}$$

Damit bestimmt sich aus Gl. (36.4) die Durchbiegung in der Stabmitte,

$$w(l) = F\frac{l^3}{24EJ_y}. \tag{36.7}$$

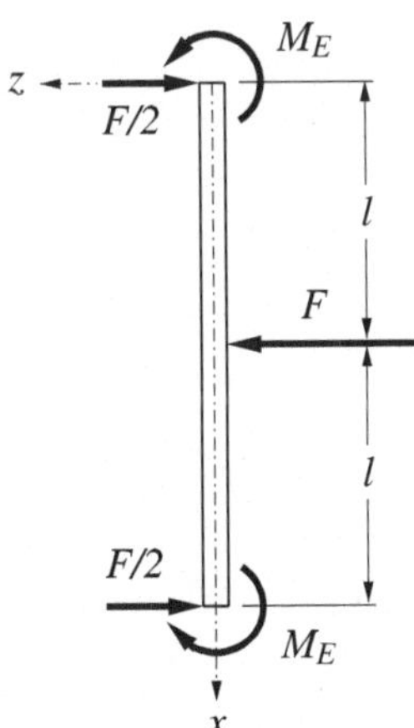

Abb. 36.2.

(a) Wenn sich die Lasche nicht verdrehen soll, so müssen die Durchbiegungen beider Stäbe in der Mitte gleich groß sein. Es treten dann in den Stäben keine Torsionsmomente auf (siehe Abb. 36.3).

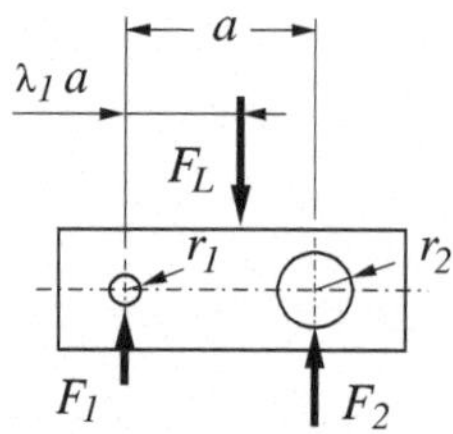

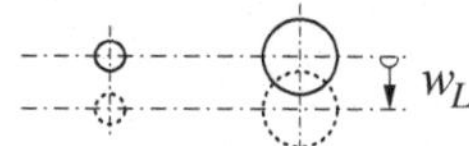

Abb. 36.3.

Die Gleichgewichtsbedingungen für die Lasche liefern

$$F_1 = (1 - \lambda_1)F_L, \qquad F_2 = \lambda_1 F_L. \tag{36.8}$$

Mit Gl. (36.7) ergibt sich aus der Bedingung $w_1(l) = w_2(l)$ $(= w_L)$ der Zusammenhang

$$F_1 \frac{l^3}{24EJ_{y1}} = F_2 \frac{l^3}{24EJ_{y2}}, \tag{36.9}$$

woraus unter Verwendung der Flächenträgheitsmomente $J_{yi} = \pi r_i^4/4$ die Beziehung

$$\frac{F_1}{F_2} = \frac{J_{y1}}{J_{y2}} = \left(\frac{r_1}{r_2}\right)^4 \tag{36.10}$$

folgt. Die Gln. (36.8) führen dann auf

$$\lambda_1 = \frac{r_2^4}{r_1^4 + r_2^4}, \tag{36.11}$$

und die Verschiebung lautet

$$w_L = F_L \frac{l^3}{6\pi E(r_1^4 + r_2^4)}. \tag{36.12}$$

Aus Gl. (36.6) ergeben sich schließlich die Einspannmomente

$$M_{E1} = F_L \frac{lr_1^4}{4(r_1^4 + r_2^4)}, \qquad M_{E2} = F_L \frac{lr_2^4}{4(r_1^4 + r_2^4)}, \tag{36.13}$$

und die durch $F_L = c_{ers}w_L$ definierte Ersatzfederkonstante folgt zu

$$c_{ers} = \frac{6\pi E(r_1^4 + r_2^4)}{l^3}.$$ (36.14)

(b) Soll die Lasche verdreht, der Stab 1 aber nicht gebogen werden, so muß die Kraft $F_1 = 0$ sein. Die Verdrehung der Lasche bewirkt jedoch Torsionsmomente in den Stäben 1 und 2, wobei die Verdrehwinkel gleich groß sein müssen (siehe Abb. 36.4; da F_L und $F_2 = F_L$ ein Kräftepaar bilden, muß wegen des Momentengleichgewichts $\lambda_2 > 1$ gelten).

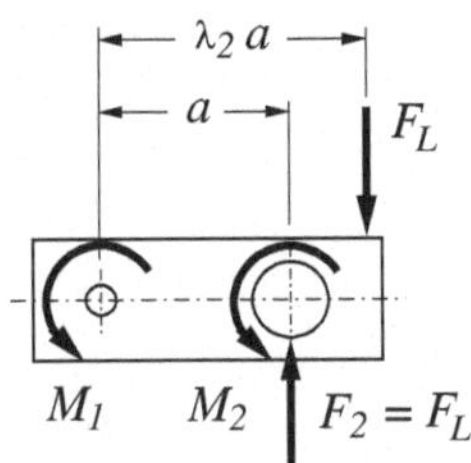

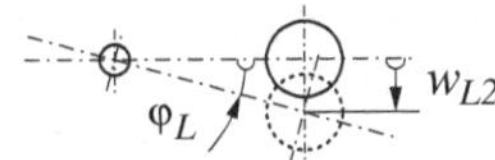

Abb. 36.4.

Man entnimmt der Abbildung den (linearisierten) geometrischen Zusammenhang

$$\varphi_L = \frac{w_{L2}}{a}.$$ (36.15)

Die Verschiebung w_{L2} wird gemäß Gl. (36.7) durch F_L und der Verdrehwinkel φ_L über die Torsionsmomente durch F_L und λ_2 ausgedrückt. Für letzteres wird zunächst der Verdrehwinkel in der Mitte der beiden Stäbe bestimmt (siehe Abb. 36.5, wo ebenfalls die Symmetrie bereits berücksichtigt wurde): Nach Gl. (J.1) gilt

$$\varphi_L = \frac{M_1 l}{2GJ_{p1}} = \frac{M_2 l}{2GJ_{p2}}.$$ (36.16)

Aus der Beziehung (36.16) folgt unter Verwendung der polaren Flächenträgheitsmomente $J_{pi} = \pi r_i^4/2$ der Zusammenhang

$$\frac{M_1}{M_2} = \left(\frac{r_1}{r_2}\right)^4.$$ (36.17)

Einsetzen in die Momentengleichgewichtsbedingung für die Lasche,

$$M_1 + M_2 - F_L(\lambda_2 - 1)a = 0,$$ (36.18)

liefert

$$M_2 = F_L \frac{(\lambda_2 - 1)a r_2^4}{r_1^4 + r_2^4}.$$ (36.19)

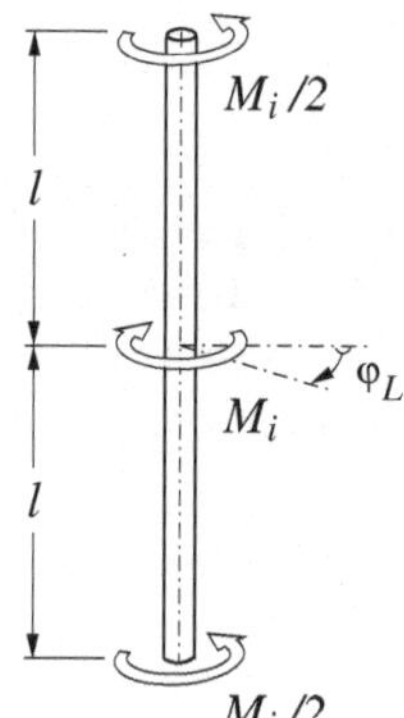

Abb. 36.5.

Damit ergibt sich aus Gl. (36.16)

$$\varphi_L = F_L \frac{(\lambda_2 - 1)al}{\pi G(r_1^4 + r_2^4)}. \tag{36.20}$$

Wird nun nach Gl. (36.7) w_{L2} durch F_L ausgedrückt,

$$w_{L2} = F_L \frac{l^3}{24EJ_{y2}} = F_L \frac{l^3}{6\pi Er_2^4}, \tag{36.21}$$

so findet man nach Einsetzen der Gln. (36.20) und (36.21) in die geometrische Beziehung (36.15) schließlich den gesuchten Wert

$$\lambda_2 = 1 + \frac{Gl^2}{6Ea^2}\left[1 + \left(\frac{r_1}{r_2}\right)^4\right] \tag{36.22}$$

(und damit auch das Moment $M_2 = F_L Gl^2/(6Ea)$).

Bemerkung: Wie man sieht, ist in Übereinstimmung mit der Anschauung dieses Ergebnis wie auch λ_1 nach Fall (a) unabhängig von der Größe der angreifenden Kraft F_L. Da Biegung und Torsion gemeinsam auftreten, hängt λ_2 im Gegensatz zu λ_1 allerdings auch von a, l und (wegen $G = E/[2(1 + \nu)]$) von der Querdehnungszahl ν ab.

37. Tragwerk mit Momentenbelastung

Am Ende eines deformierbaren Kragträgers ist ein starrer Stab angeschweißt, der durch ein Moment in Richtung seiner Achse belastet wird (siehe Abb. 37.1).

Geg.: Längen: b, l; Winkel: α; Moment: M_A; der Träger I hat die Biegesteifigkeit EJ_y und die Drillsteifigkeit GJ_p. Im Punkt B sind die Träger I und II starr miteinander verschweißt, wobei der starre Stab II im unverformten Zustand des Systems in der x-y-Ebene liegt.

Ges.: Es ist die Verschiebung des Punktes A zu bestimmen.

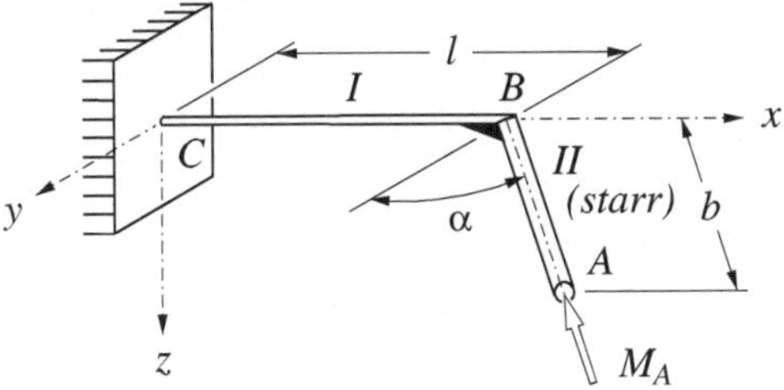

Abb. 37.1.

Lösung

Beim Aufbringen des Moments M_A am Ende des starren Stabs II wird der elastische Träger I gleichzeitig gebogen und tordiert. Im Rahmen der linearen Theorie werden kleine Deformationen betrachtet, und es können deren Anteile unabhängig voneinander ermittelt und anschließend linear zusammengesetzt werden. Das Problem ist statisch bestimmt.

Gleichgewichtsbetrachtungen ergeben, daß der Träger I durch das Moment $M_A \cos \alpha$ eine reine Biegung erfährt und durch das Moment $M_A \sin \alpha$ tordiert wird (siehe Abb. 37.2). Für das Biegemoment findet man

$$M_y(x) = -M_A \cos \alpha. \tag{37.1}$$

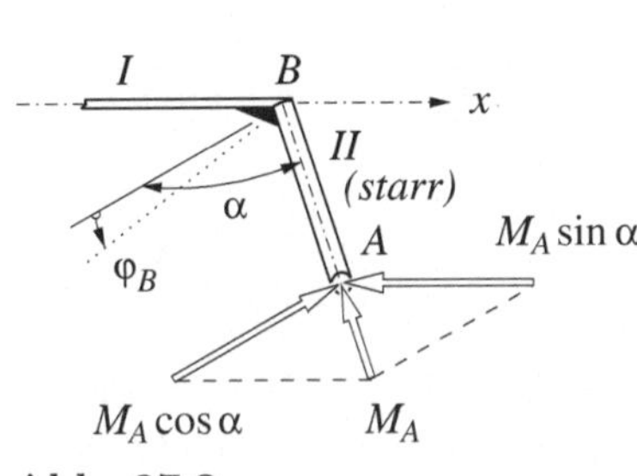

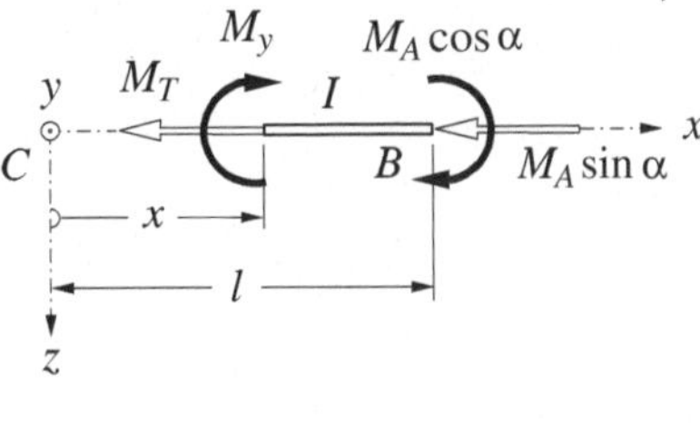

Abb. 37.2.

Einsetzen in die Differentialgleichung der Biegelinie und Integration liefert

$$EJ_y w'' = M_A \cos \alpha, \tag{37.2}$$

$$EJ_y w' = x M_A \cos \alpha + C_1, \tag{37.3}$$

$$EJ_y w = \frac{x^2}{2} M_A \cos \alpha + C_1 x + C_2, \tag{37.4}$$

wobei wegen $w(0) = 0$, $w'(0) = 0$ die Integrationskonstanten verschwinden. Damit erhält man zunächst

$$w'(l) = \frac{l}{EJ_y} M_A \cos \alpha, \qquad (37.5)$$

$$w(l) = \frac{l^2}{2EJ_y} M_A \cos \alpha, \qquad (37.6)$$

und für den Endverdrehwinkel φ_B ergibt sich gemäß Gl. (J.2)

$$\varphi_B = -\frac{l M_A \sin \alpha}{GJ_p}. \qquad (37.7)$$

Zum Ermitteln der Verschiebung des Punktes A zufolge der Biegung ist es zweckmäßig, den Hilfspunkt A' auf der x-Achse einzuführen (siehe Abb. 37.3). Dieser kann als durch ein starres Stabstück BA' mit dem Träger I verbunden gedacht werden, sodaß sich für den ersten Verschiebungsanteil

$$w_{A'} = w(l) + w'(l)b \sin \alpha \qquad (37.8)$$

ergibt.

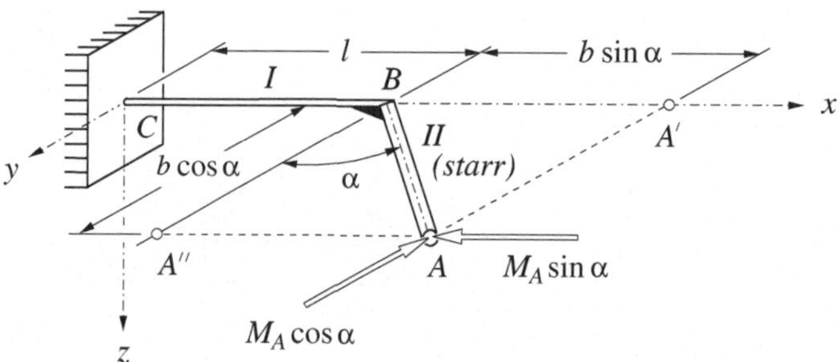

Abb. 37.3.

Der zweite Verschiebungsanteil zufolge der Torsion ist in analoger Weise mittels des Hilfspunkts A'' zu bestimmen: Dieser kann als durch ein rechtwinkelig mit dem Träger I verschweißtes starres Stabstück BA'' mit diesem verbunden gedacht werden, und es folgt

$$w_{A''} = \varphi_B b \cos \alpha. \qquad (37.9)$$

Die gesamte Verschiebung des Punktes A ergibt sich damit aus den Gln. (37.5) bis (37.9) zu

$$w_A = w_{A'} + w_{A''} = l M_A \cos \alpha \left[\frac{l}{2EJ_y} + b \sin \alpha \left(\frac{1}{EJ_y} - \frac{1}{GJ_p} \right) \right]; \qquad (37.10)$$

Verschiebungen in x- beziehungsweise y-Richtung treten im Rahmen der linearen Theorie nicht auf.

3.6 Verformung unter Temperatureinfluß

38. Anordnung mit drei Stäben unter Temperatureinfluß

In einer aus drei gleichen Stäben und einem starren Träger bestehenden Anordnung, die unter der Wirkung einer Einzellast steht, wird einer der Stäbe erwärmt (siehe Abb. 38.1).

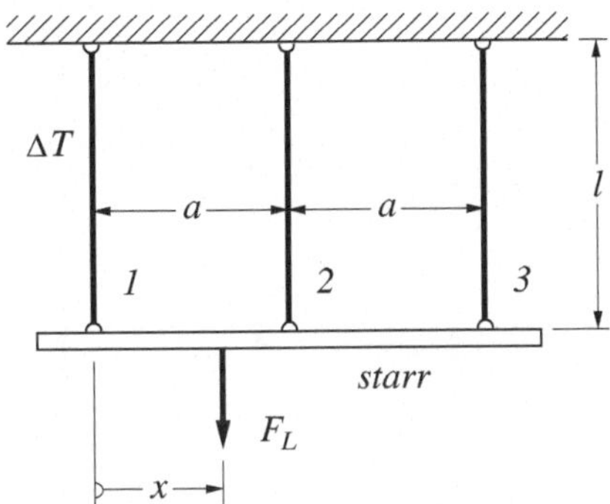

Abb. 38.1.

Geg.: Längen: a, l; Wärmedehnungskoeffizient: α. Die drei gleichen Stäbe 1, 2 und 3 mit der Zugsteifigkeit EA sind gelenkig mit einem starren Träger verbunden, an dem im Abstand x von Stab 1 eine vertikal gerichtete Einzelkraft F_L angreift. Im unbelasteten Zustand ist die Anordnung spannungsfrei; alle Gelenke sind reibungsfrei.

Ges.: Auf welche Temperaturdifferenz $\Delta T = \Delta T(x)$ gegenüber der Umgebung muß Stab 1 gebracht werden, damit er ungedehnt bleibt?

Lösung

In diesem Beispiel wird die Gleichgewichtslage einer beweglichen Anordnung untersucht. Obwohl nur drei (in Stabrichtung wirkende) Kräfte unbekannt sind, handelt es sich – da die Gleichgewichtsbedingung für den starren Teil in horizontaler Richtung trivial erfüllt ist – um ein statisch unbestimmtes Problem, bei dem auf die Verformungen eingegangen werden muß.

Der Zusammenhang zwischen den Verlängerungen der einzelnen Stäbe ist aus Abb. 38.2 ersichtlich, wobei die Neigung des starren Trägers der Deutlichkeit halber stark übertrieben dargestellt ist. Da sich der Stab 1 nicht dehnen soll, ergibt sich für die Verlängerung der anderen beiden Stäbe (mit $\sin\gamma \approx \gamma$)

$$\Delta l_2 = a\gamma, \qquad \Delta l_3 = 2a\gamma \qquad (38.1)$$

und damit gemäß Gl. (H.2) – weil diese Stäbe auf Umgebungstemperatur bleiben –

$$a\gamma = \frac{F_2 l}{EA}, \tag{38.2}$$

$$2a\gamma = \frac{F_3 l}{EA}, \tag{38.3}$$

woraus unmittelbar

$$F_2 = \frac{F_3}{2} \tag{38.4}$$

folgt, unabhängig von der Stellung der Last F_L.

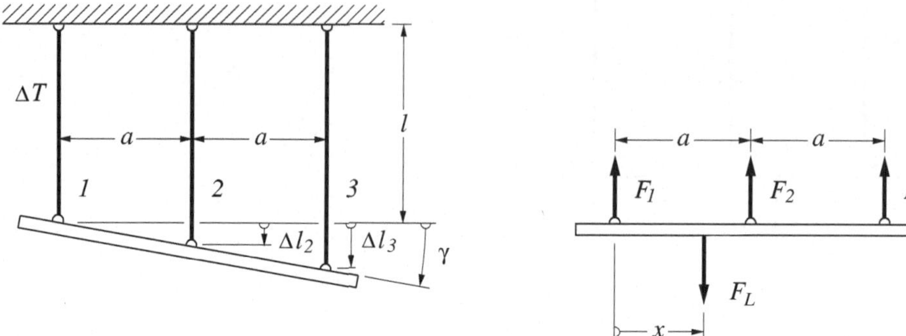

Abb. 38.2.

Die Bedingungen für das Kräftegleichgewicht in vertikaler Richtung und für das Momentengleichgewicht des starren Teils liefern

$$F_1 + F_2 + F_3 - F_L = 0, \tag{38.5}$$

$$xF_L - aF_2 - 2aF_3 = 0. \tag{38.6}$$

Daraus ergibt sich zusammen mit Gl. (38.4)

$$F_1 = F_L \left(1 - \frac{3x}{5a} \right) \tag{38.7}$$

und weiters

$$F_2 = F_L \frac{x}{5a}, \qquad F_3 = F_L \frac{2x}{5a}. \tag{38.8}$$

Weil nun die Gesamtdehnung des Stabs 1 zufolge der Normalkraft und der Temperaturdifferenz verschwinden muß, gilt nach Gl. (H.2)

$$\frac{F_1}{EA} + \alpha \Delta T = 0 \tag{38.9}$$

und somit

$$\Delta T = \frac{F_L}{EA\alpha} \left(\frac{3x}{5a} - 1 \right). \tag{38.10}$$

Wie man aus den Gln. (38.7) beziehungsweise (38.10) erkennt, ist für $x/a < 5/3$ die Stabkraft F_1 eine Zugkraft und daher eine Abkühlung des Stabs 1 erforderlich, im Fall $x/a > 5/3$ ist es entgegengesetzt (wobei allerdings darauf hingewiesen sei, daß das Problem des Knickens druckbelasteter schlanker Stäbe hier außer Betracht bleibt); für $x/a = 5/3$ ist der Stab 1 bei Umgebungstemperatur unbelastet.

39. Träger unter Temperaturmomentenbelastung

Ein beidseitig eingespannter Träger steht unter der Wirkung einer Einzelkraft und eines über die Trägerlänge konstanten Temperaturmoments (siehe Abb. 39.1).

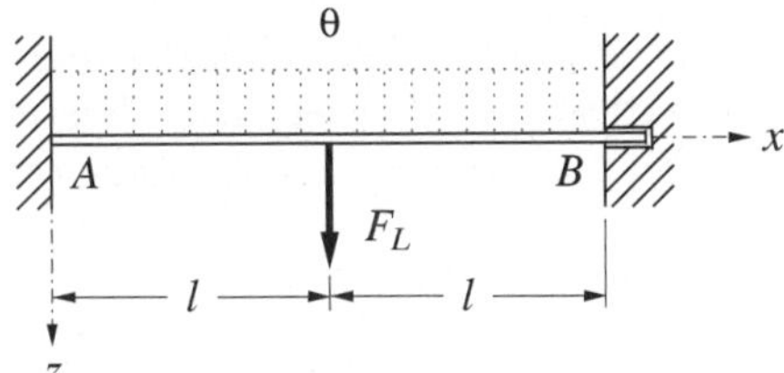

Abb. 39.1.

Geg.: Länge: l; Biegesteifigkeit: EJ_y; Kraft: F_L; Wärmedehnungskoeffizient: α; Temperaturmoment θ (siehe Gl. (I.6)). Die Einspannung in B ist längsverschieblich.

Ges.: Mit Hilfe des Verfahrens nach Mohr sind die Einspannmomente sowie die Durchbiegung $w(l)$ in der Trägermitte zu bestimmen.

Lösung

Es ist vorteilhaft, bei der Behandlung des vorliegenden statisch unbestimmten Problems Gebrauch von den Symmetrieeigenschaften zu machen.

Bemerkung: Da im Rahmen der Technischen Biegelehre bei der Durchbiegung keine Längenänderung des Trägers erfolgt, hat zur Ermittlung der Vertikalverschiebung die Art der Einspannung des rechten Trägerendes – fest oder längsverschieblich – keine Auswirkungen auf den weiteren Rechengang.

Für die Auflagerkraft F_A findet man daher (siehe Abb. 39.2, wo bereits von der Symmetrie Gebrauch gemacht wurde)

$$F_A = \frac{F_L}{2}, \tag{39.1}$$

das Einspannmoment M_A ist zunächst unbekannt.

Bei der Anwendung des Verfahrens nach Mohr ist der Biegemomentenverlauf als fiktive Belastung auf den Ersatzträger aufzubringen, hinzu kommt hier die

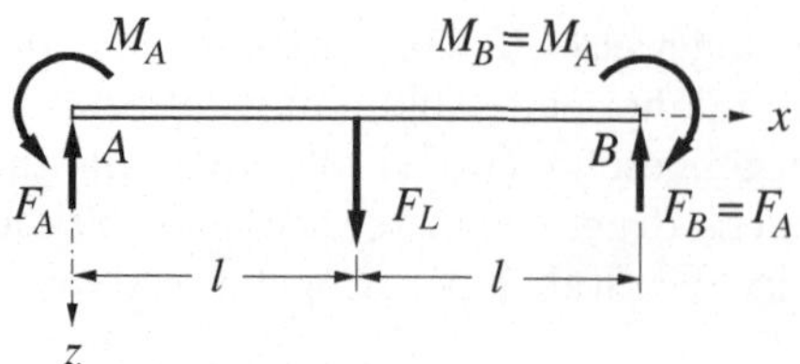

Abb. 39.2.

Temperaturmomentenbelastung. Gemäß der Korrespondenztabelle (I.8) hat der Ersatzträger im vorliegenden Fall zwei freie Enden. Im Bereich $0 \le x \le l$ lautet das Biegemoment im Originalträger

$$M_y(x) = -M_A + xF_A = -M_A + x\frac{F_L}{2},\tag{39.2}$$

und es ergibt sich aufgrund der Symmetrie die auf Abb. 39.3 eingezeichnete fiktive Rechtecks- und Dreieckslast für den Ersatzträger. Werden diese Lasten durch ihre jeweiligen Resultierenden Φ_i in den „Flächen"-Schwerpunkten ersetzt, so findet man (bei Wahl von $(EJ_y)_0 = EJ_y$)

$$\Phi_1 = 2M_A l,\tag{39.3}$$

$$\Phi_2 = \frac{1}{2}F_L l^2.\tag{39.4}$$

Als dritte fiktive Belastung kommt eine (punktiert eingezeichnete) Rechteckslast durch das Temperaturmoment (siehe Gl. (I.7)) hinzu,

$$\Phi_3 = 2l E J_y \alpha\theta.\tag{39.5}$$

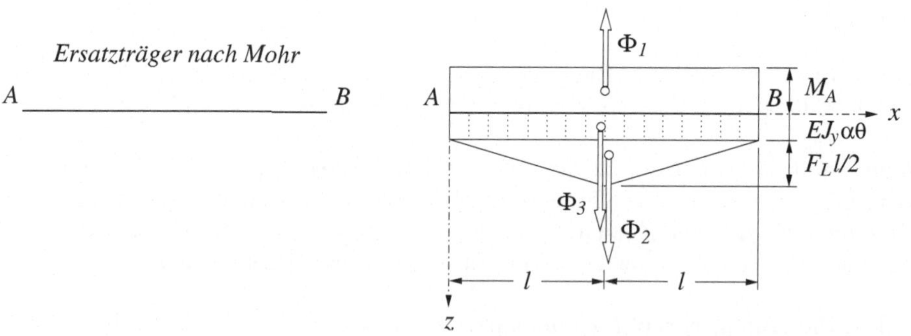

Abb. 39.3.

Der Ersatzträger muß unter diesen fiktiven Lasten im Gleichgewicht sein, das heißt

$$-\Phi_1 + \Phi_2 + \Phi_3 = 0,\tag{39.6}$$

woraus das gesuchte Einspannmoment

$$M_A = \frac{1}{4} F_L l + E J_y \alpha \theta \qquad (39.7)$$

folgt.

Die Durchbiegung $w(l)$ ergibt sich dann aus dem fiktiven Biegemoment $\overline{M}_y(l)$ (siehe Abb. 39.4). Zunächst findet man für die fiktive Momenten- beziehungsweise Temperaturmomentenbelastung in der linken Trägerhälfte

$$\Phi_4 = M_A l, \qquad (39.8)$$

$$\Phi_5 = \frac{1}{4} F_L l^2, \qquad (39.9)$$

$$\Phi_6 = l E J_y \alpha \theta, \qquad (39.10)$$

und damit schließlich gemäß Gl. (I.9)

$$w(l) = \frac{\overline{M}_y(l)}{E J_y} = \frac{1}{E J_y} \left[(\Phi_4 - \Phi_6) \frac{l}{2} - \Phi_5 \frac{l}{3} \right] = \frac{F_L l^3}{24 E J_y} \,. \qquad (39.11)$$

Wie man sieht, scheint das Temperaturmoment in diesem Ergebnis nicht auf: Bei einer Belastung des Trägers allein durch das Temperaturmoment bleibt dieser gerade, da die Auswirkungen von letzterem und der dadurch hervorgerufenen Einspannmomente einander aufheben.

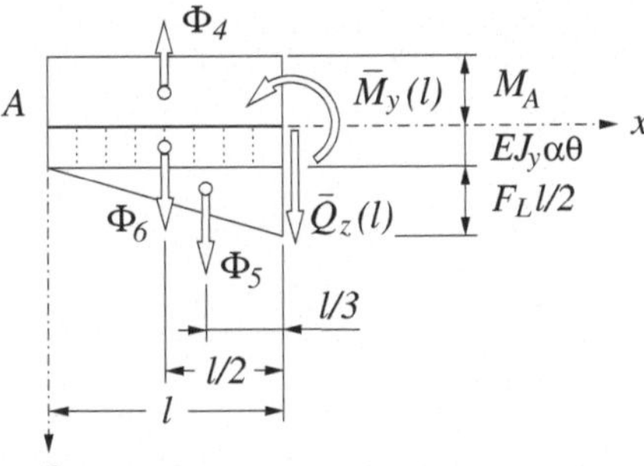

Abb. 39.4.

Bemerkung: Zur Kontrolle kann dienen, daß $\overline{Q}_z(l) = 0$ gelten muß, da ja die fiktive Querkraft in der Mitte des Ersatzträgers die Neigung der Biegelinie an dieser Stelle beschreibt, welche im vorliegenden Fall aufgrund der Symmetrie aber verschwindet.

40. Tragwerk unter Temperatureinfluß

Ein starrer Stab ist mit Hilfe von zwei Trägern elastisch gelagert, wobei der obere Träger erwärmt wird (siehe Abb. 40.1).

Geg.: Längen: h, l; Träger: Elastizitätsmodul E; Flächenträgheitsmoment: J, Querschnittsfläche: A, Wärmedehnungskoeffizient: α. Der obere Träger 1 wird

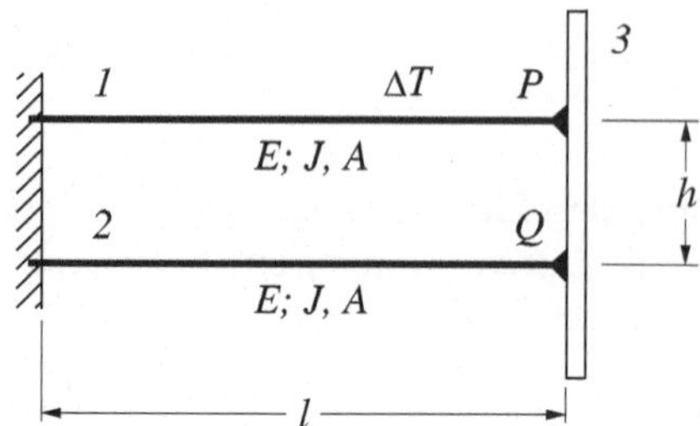

Abb. 40.1.

auf die Temperaturdifferenz $\Delta T > 0$ gegenüber der Umgebung gebracht. Auf Umgebungstemperatur ist das System spannungsfrei. Der Stab 3 ist starr.

Ges.: Es sind die an den Schweißstellen P und Q übertragenen Kräfte und Momente zu ermitteln.

Lösung

Der obere Träger 1 wird an der freien Ausdehnung zufolge ΔT gehindert; er wird gestaucht und nach unten hohl gekrümmt. Demgegenüber wird der untere Träger 2 gedehnt, aber ebenfalls nach unten hohl gekrümmt (siehe Abb. 40.2).

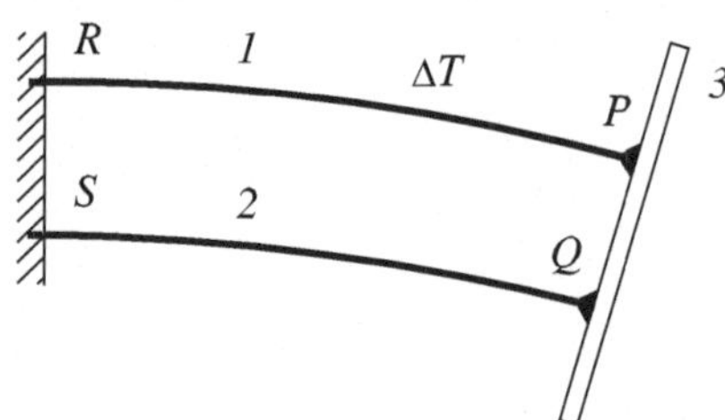

Abb. 40.2.

Betrachtet man die Träger 1 und 2 jeweils allein, so können aus Symmetriegründen keine Querkräfte bei R und P beziehungsweise S und Q übertragen werden, sondern nur jeweils gegengleiche Momente und gegengleiche Axialkräfte (siehe auch Abb. 40.4).

Es ist zweckmäßig, mit dem Aufstellen der geometrischen Bedingungen zu beginnen. Da sich der starre Stab 3 nur geringfügig dreht, gilt

$$w_1(l) = w_2(l) := w(l). \tag{40.1}$$

Die Anstiege der Biegelinien an den Trägerenden sind ebenfalls gleich und stimmen mit dem Neigungswinkel des Stabs 3 gegen die Vertikale überein,

$$w_1'(l) = w_2'(l) := w'(l). \tag{40.2}$$

Letzterer wird ausgedrückt durch die Differenz der Horizontalverschiebungen der Trägerenden und den Trägerabstand (siehe Abb. 40.3 mit der Deutlichkeit halber stark übertrieben gezeichneten Verschiebungen):

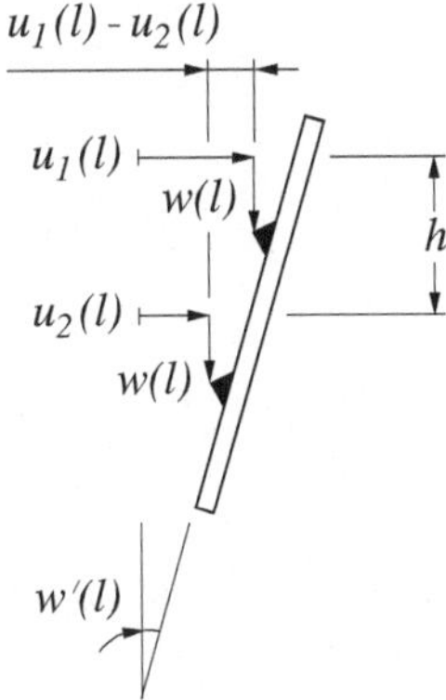

Abb. 40.3.

$$w'(l) = \frac{u_1(l) - u_2(l)}{h}.$$ (40.3)

Aus den Gln. (40.1) und (40.2) ergibt sich, daß die Biegelinien beider Träger und damit auch die Biegemomente an den rechten Trägerenden sowie die Einspannmomente beider Träger gleich sind. Abbildung 40.4 zeigt die frei gemachten Träger und deren Belastungen: Aus dem Kräftegleichgewicht des starren Stabs 3 folgt, daß die beiden horizontalen Kräfte entgegengesetzt gleich sind, und das Momentengleichgewicht liefert

$$2M - hF = 0.$$ (40.4)

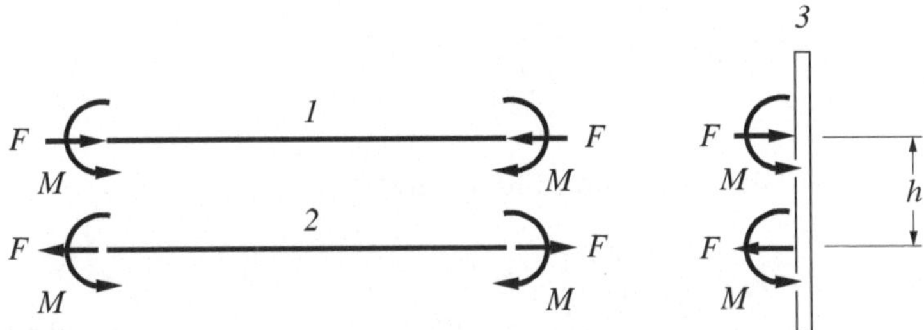

Abb. 40.4.

Im nächsten Schritt werden die in die geometrische Bedingung (40.3) eingehenden Deformationen durch F beziehungsweise M ausgedrückt. Man findet gemäß Gl. (H.2)

$$u_1(l) = \left(\alpha\Delta T - \frac{F}{EA}\right) l,$$ (40.5)

$$u_2(l) = \frac{F}{EA} l,$$ (40.6)

und für die Neigung $w'(l)$ erhält man aus

$$EJw''(x) = M, \tag{40.7}$$

$$EJw'(x) = Mx + C \tag{40.8}$$

mit $C = 0$ (wegen $w'(0) = 0$)

$$w'(l) = \frac{Ml}{EJ}. \tag{40.9}$$

Damit ergibt sich schließlich aus den Gln. (40.3) und (40.4) das gesuchte Ergebnis

$$F = \frac{\alpha \Delta T}{\dfrac{h^2}{2EJ} + \dfrac{2}{EA}}, \tag{40.10}$$

$$M = \frac{h\alpha \Delta T}{\dfrac{h^2}{EJ} + \dfrac{4}{EA}}. \tag{40.11}$$

Bemerkung: Unter Verwendung des Flächenträgheitsradius i gemäß $J = Ai^2$ (siehe Gl. (F.16)) lassen sich die Beziehungen (40.10) und (40.11) in der Form

$$F = \left(\frac{i}{h}\right)^2 \frac{EA}{\dfrac{1}{2} + 2\left(\dfrac{i}{h}\right)^2} \, \alpha \Delta T, \tag{40.12}$$

$$M = \left(\frac{i}{h}\right)^2 \frac{EA}{1 + 4\left(\dfrac{i}{h}\right)^2} \, h\alpha \Delta T \tag{40.13}$$

anschreiben, und aus den Gln. (40.5) und (40.6) folgt

$$u_1(l) = \frac{\dfrac{1}{2} + \left(\dfrac{i}{h}\right)^2}{\dfrac{1}{2} + 2\left(\dfrac{i}{h}\right)^2} \, l\alpha \Delta T, \tag{40.14}$$

$$u_2(l) = \left(\frac{i}{h}\right)^2 \frac{1}{\dfrac{1}{2} + 2\left(\dfrac{i}{h}\right)^2} \, l\alpha \Delta T. \tag{40.15}$$

Wie man aus Gl. (40.12) erkennt, wird für $i/h \ll 1$ die Wärmedehnung des oberen Trägers kaum behindert. In diesem Fall ist die Dehnung des unteren Trägers sehr gering gegenüber derjenigen des oberen Trägers (vergleiche Gln. (40.15) und (40.14)).

A. Vektoren und Matrizen

Physikalische Vektoren werden durch einen Pfeil gekennzeichnet,

$$\text{z. B.} \quad \vec{r}, \quad \vec{F}_A; \tag{A.1}$$

$\vec{e}_i$ bezeichnet einen Einheitsvektor.

Für die **Darstellung eines Vektors** $\vec{q}$ **in einem Koordinatensystem** K wird die Bezeichnung $\underline{q}_{/K}$ verwendet. Die skalaren Größen q_x, q_y, q_z sind die Komponenten dieses Vektors im Darstellungskoordinatensystem. Die Bezeichnung $_{/K}$ kann entfallen, wenn nur ein Koordinatensystem betrachtet wird bzw. für das System mit dem Index 0.

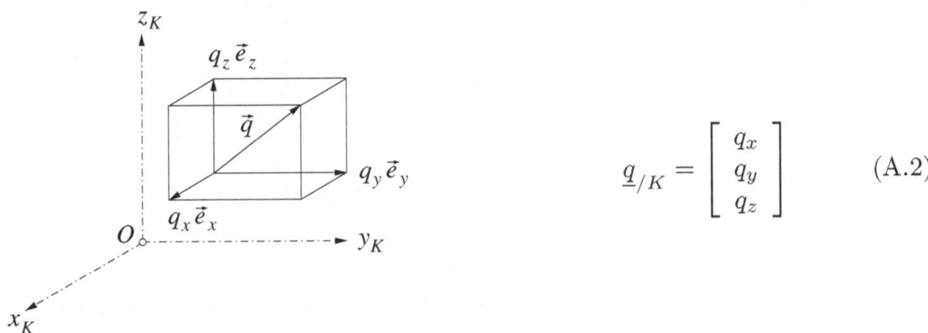

$$\underline{q}_{/K} = \begin{bmatrix} q_x \\ q_y \\ q_z \end{bmatrix} \tag{A.2}$$

Unterstrichene Buchstaben kennzeichnen Spaltenmatrizen (z. B. Darstellungen von Vektoren) oder Matrizen. Hochgestelltes ^{T} bezeichnet eine transponierte Matrix, z. B.:

$$\underline{q}_{/K}^{T} = [q_x, q_y, q_z] \tag{A.3}$$

Die **Transformationsmatrix** $\underline{A}_{IK}$ bzw. $\underline{A}_{KI}$ verknüpft die Darstellungen eines Vektors in verschiedenen Koordinatensystemen:

$$\underline{q}_{/I} = \underline{A}_{IK}\underline{q}_{/K} \quad \text{bzw.} \quad \underline{q}_{/K} = \underline{A}_{KI}\underline{q}_{/I} \tag{A.4}$$

Beispielsweise nimmt für eine Verdrehung des I-Systems gegen das K-System im mathematisch positiven Sinn um die (gemeinsame) x-Achse die Transformationsmatrix folgende Form an:

$$\underline{A}_{KI} = \begin{bmatrix} 1 & 0 & 0 \\ 0 & \cos\varphi & -\sin\varphi \\ 0 & \sin\varphi & \cos\varphi \end{bmatrix} \tag{A.5}$$

Für die Transformationsmatrix gilt:

$$\underline{A}_{KI}^T = \underline{A}_{KI}^{-1} = \underline{A}_{IK}, \tag{A.6}$$

wobei hochgestelltes $^{-1}$ die inverse Matrix bezeichnet.

Das **vektorielle Produkt** oder **Ex-Produkt** läßt sich auch über eine Matrixmultiplikation errechnen; z. B. $\vec{r} \times \vec{F}$ errechnet sich mit der Darstellung der Vektoren im System K,

$$\underline{r}_{/K} = \begin{bmatrix} r_x \\ r_y \\ r_z \end{bmatrix}, \quad \underline{F}_{/K} = \begin{bmatrix} F_x \\ F_y \\ F_z \end{bmatrix},$$

zu

$$\underline{r}_{/K} \times \underline{F}_{/K} = \tilde{\underline{r}}_{/K}\underline{F}_{/K} = \begin{bmatrix} 0 & -r_z & r_y \\ r_z & 0 & -r_x \\ -r_y & r_x & 0 \end{bmatrix} \begin{bmatrix} F_x \\ F_y \\ F_z \end{bmatrix}$$

$$= \begin{bmatrix} r_y F_z - r_z F_y \\ r_z F_x - r_x F_z \\ r_x F_y - r_y F_x \end{bmatrix}. \tag{A.7}$$

Das **innere Produkt**, $\vec{p} \cdot \vec{q}$, läßt sich ebenfalls in Matrixschreibweise darstellen:

$$\underline{p}_{/K}^T \underline{q}_{/K} = \underline{q}_{/K}^T \underline{p}_{/K} = [q_x, q_y, q_z] \begin{bmatrix} p_x \\ p_y \\ p_z \end{bmatrix} = q_x p_x + q_y p_y + q_z p_z \tag{A.8}$$

B. Gleichgewichtsbedingungen

Für ein System von Körpern im Gleichgewicht muß gelten, daß die Summe aller äußeren Kräfte $\vec{F}_i$ und Momente $\vec{M}_{Ai}$ für das Gesamtsystem und jedes beliebige Teilsystem verschwindet,

$$\sum_i \vec{F}_i = \vec{0}, \qquad \sum_i \vec{M}_{Ai} = \vec{0}, \tag{B.1}$$

wobei der Bezugspunkt A für das Momentengleichgewicht beliebig ist. Unter Verwendung der Darstellung der Vektoren im System K lauten die Gleichgewichtsbedingungen:

$$\sum_i \underline{F}_{i/K} = \underline{0}, \qquad \sum_i \underline{M}_{Ai/K} = \underline{0}, \tag{B.2}$$

bzw. in Komponenten:

$$\sum_i F_{ix} = 0, \qquad \sum_i M_{Aix} = 0 \,,$$

$$\sum_i F_{iy} = 0, \qquad \sum_i M_{Aiy} = 0 \,,$$

$$\sum_i F_{iz} = 0, \qquad \sum_i M_{Aiz} = 0 \qquad\qquad \text{(B.3)}$$

Für ein ebenes Kraftsystem sind nur 2 Kraftkomponenten und die Momentenkomponente normal zur Ebene maßgeblich.

Ebenes Kraftsystem, Hinweise zur graphischen Lösung

Drei Kräfte sind im Gleichgewicht, wenn ihre Wirkungslinien einen gemeinsamen Schnittpunkt haben und ihr Summenvektor gleich dem Nullvektor ist. (Bei parallelen Kräften ist eine Lösung mit Hilfskräften oder mit der Methode des Seilecks möglich.)   (B.4)

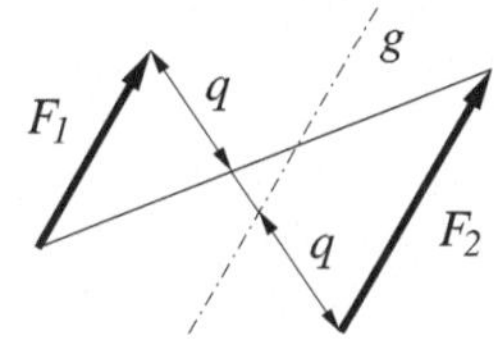

Die Wirkungslinie g der Resultierenden zweier paralleler Kräfte F_1, F_2 läßt sich auch mit der skizzierten Hilfskonstruktion rasch bestimmen.   (B.5)

Vier Kräfte sind im Gleichgewicht, wenn die aus je zweien dieser Kräfte gebildeten beiden Teilresultierenden bei gleichem Betrag entgegengesetzt orientiert in derselben Wirkungslinie liegen.   (B.6)

C. Haften, Gleitreibung, Seilreibung

Die **Haftkraft** F_h ist eine Bedingungskraft, die z. B. über die Gleichgewichtsbedingungen errechnet werden muß. Ob tatsächlich Haften möglich ist, wird mit der Haftbedingung unter Verwendung der Normalkraft F_n im Kontaktpunkt überprüft.

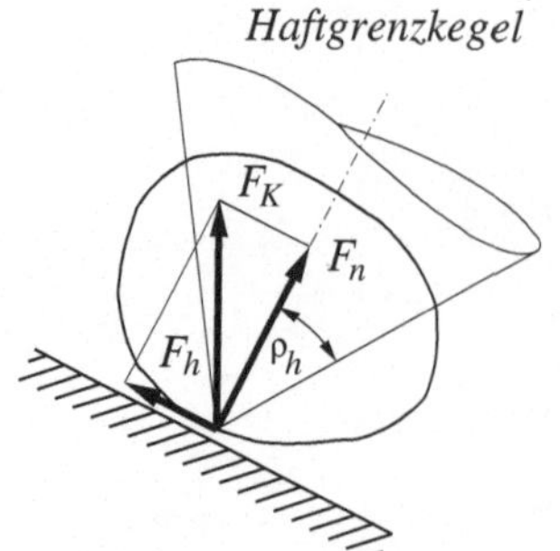

Haftbedingung: $|F_h| \leq \mu_h F_n, \quad F_n > 0$ (C.1)

$\mu_h \ldots$ Haftgrenzzahl, $\quad \mu_h = \tan \rho_h$

$\rho_h \ldots$ Haftgrenzwinkel

Befindet sich die Kontaktkraft F_K innerhalb des Haftgrenzkegels, ist Haften gewährleistet.

Bei der Relativbewegung zweier einander berührender Körper mit rauhen Oberflächen tritt an der Kontaktstelle Gleitreibung auf. Die eingeprägte **Gleitreibungskraft** F_g wird durch ein physikalisches Gesetz beschrieben:

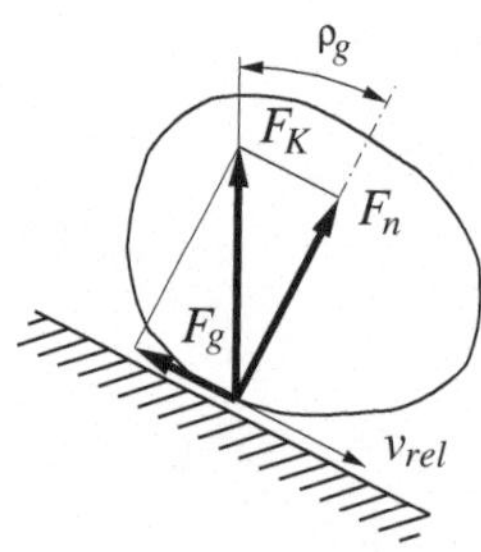

$$F_g = \mu_g F_n \qquad (C.2)$$

$\mu_g \ldots$ Gleitreibungskoeffizient, $\quad \mu_g = \tan \rho_g$

F_g zeigt gegen die Relativgeschwindigkeit des betrachteten Körpers an der Berührstelle.

Für die Seilkräfte S_1 und S_2 in einem über eine feste Rolle **gleitenden Seil** gilt (ohne Einfluß der Seilmasse, Gleitreibungskoeffizient μ_g) mit dem Umschlingungswinkel α:

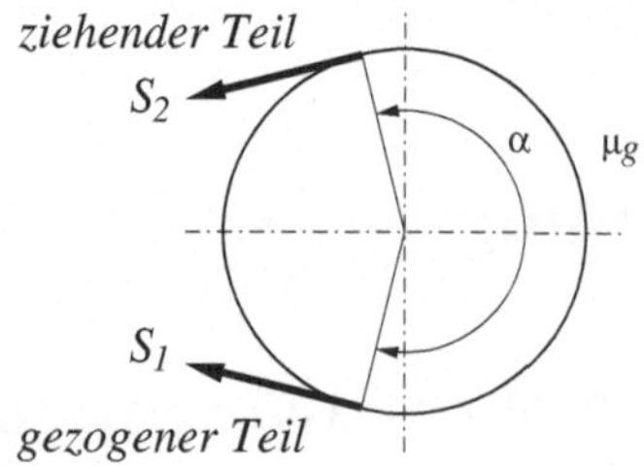

$$S_2 = S_1 \, e^{\mu_g \alpha} \qquad (C.3)$$

Das Seil gleitet gegenüber der Rolle in Richtung S_2.

Bei **Haften des Seils** gilt:

$$S_1\, e^{-\mu_h \alpha} \leq S_2 \leq S_1\, e^{\mu_h \alpha} \tag{C.4}$$

mit dem Haftgrenzkoeffizienten μ_h.

D. Schnittgrößen

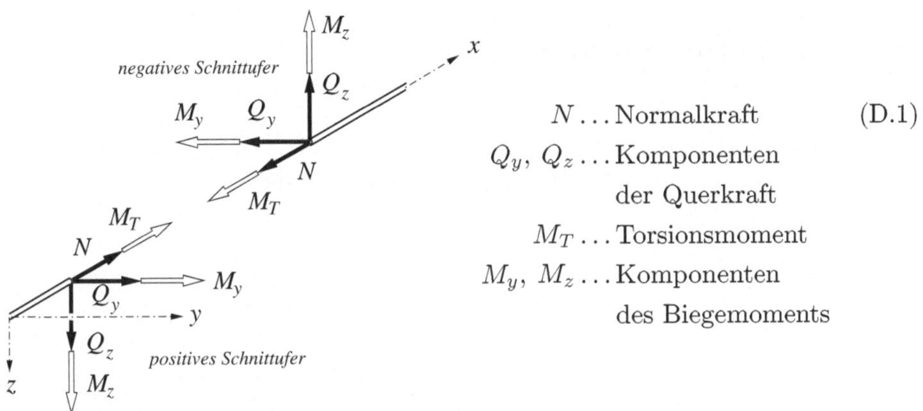

$$N \dots \text{Normalkraft} \tag{D.1}$$
$$Q_y,\ Q_z \dots \text{Komponenten}$$
$$\text{der Querkraft}$$
$$M_T \dots \text{Torsionsmoment}$$
$$M_y,\ M_z \dots \text{Komponenten}$$
$$\text{des Biegemoments}$$

Das positive Schnittufer ist jenes, bei dem die x-Achse aus der Schnittfläche ins Freie weist (der Normalenvektor der Schnittebene zeigt in Richtung der x-Achse); die **Vorzeichenvereinbarung** bei Schnittgrößen besagt, daß die positiven Zählrichtungen für die Schnittgrößen am positiven Schnittufer in Richtung der Koordinatenachsen, am negativen Schnittufer entgegengesetzt sind.

Ebenes Problem

Die x-z-Ebene ist Lastebene und Symmetrieebene der Stabquerschnitte:

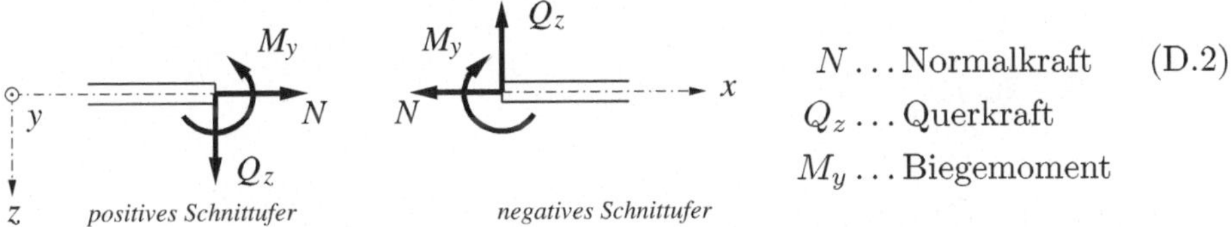

$$N \dots \text{Normalkraft} \tag{D.2}$$
$$Q_z \dots \text{Querkraft}$$
$$M_y \dots \text{Biegemoment}$$

Zwischen Biegemoment und Querkraft besteht der Zusammenhang

$$\frac{dM_y}{dx} = Q_z \tag{D.3}$$

und zwischen verteilter Last q_z in z-Richtung und Querkraft

$$\frac{dQ_z}{dx} = -q_z. \tag{D.4}$$

E. Schwerpunktslage

Im homogenen Schwerefeld ist der Schwerpunkt mit dem Massenmittelpunkt identisch. Die Lage des Schwerpunkts bestimmt sich aus:

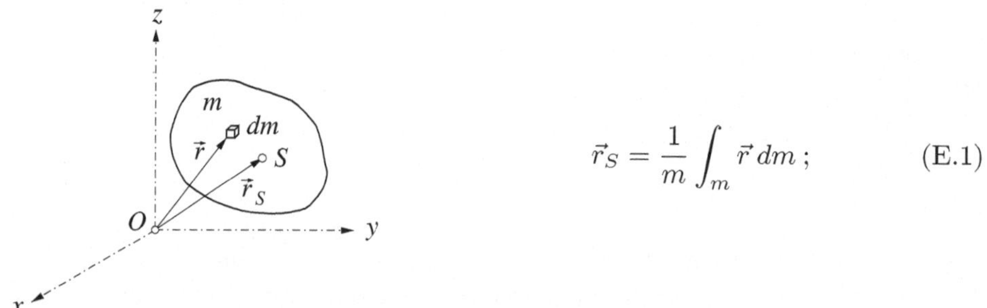

$$\vec{r}_S = \frac{1}{m} \int_m \vec{r}\, dm\,; \tag{E.1}$$

in Komponenten mit den Ortsvektoren

$$\underline{r}_S = \begin{bmatrix} r_{Sx} \\ r_{Sy} \\ r_{Sz} \end{bmatrix}, \quad \underline{r} = \begin{bmatrix} x \\ y \\ z \end{bmatrix}$$

aus:

$$r_{Sx} = \frac{1}{m} \int_m x\, dm, \quad r_{Sy} = \frac{1}{m} \int_m y\, dm, \quad r_{Sz} = \frac{1}{m} \int_m z\, dm \tag{E.2}$$

Guldinsche Regeln

Das Volumen V eines Drehkörpers ist gleich der Meridianfläche A_M mal Weg des geometrischen Flächenschwerpunkts S_A der Meridianfläche (bei der Erzeugung des Körpers durch Rotation der Meridianfläche um die Drehachse z):

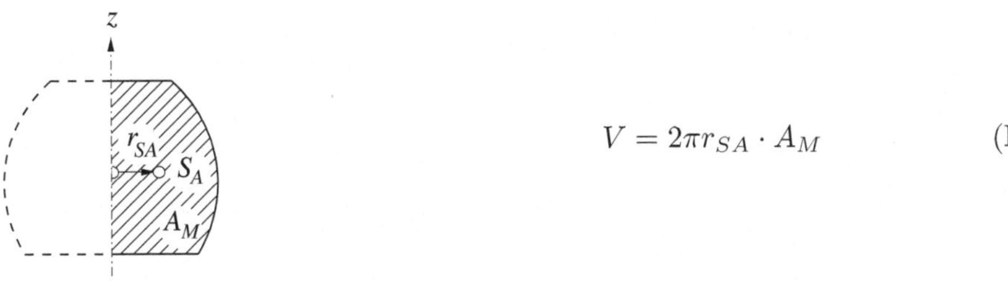

$$V = 2\pi r_{SA} \cdot A_M \qquad \text{(E.3)}$$

Die Mantelfläche O eines Drehkörpers ist gleich der Bogenlänge l_M der Meridiankurve mal Weg des geometrischen Schwerpunkts S_L der Meridiankurve (bei der Erzeugung des Körpers durch Rotation der Meridiankurve um die Drehachse z):

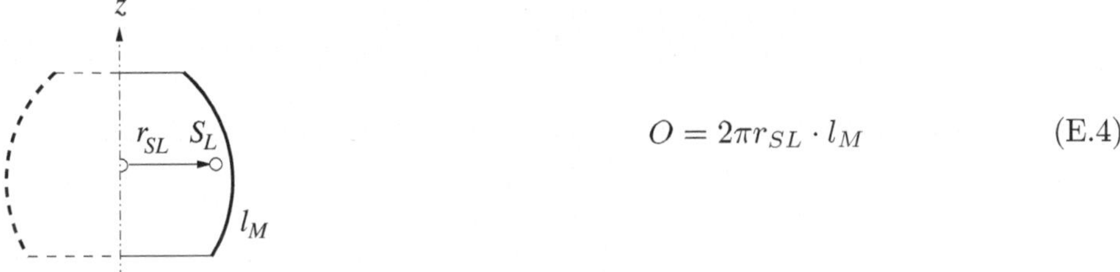

$$O = 2\pi r_{SL} \cdot l_M \qquad \text{(E.4)}$$

Teilschwerpunktsatz

Bei einem aus i Teilkörpern zusammengesetzten System ($\vec{r}_{Si}$ ist der Ortsvektor zum Schwerpunkt S_i des Teilkörpers der Masse m_i) ist die Lage des Gesamtschwerpunkts S bestimmt durch:

$$\vec{r}_S = \frac{\sum\limits_i \vec{r}_{Si} m_i}{\sum\limits_i m_i} \qquad \text{(E.5)}$$

F. Trägheits- und Deviationsmomente

Massenmomente

Axiales Trägheitsmoment eines Körpers bezüglich einer Achse a:

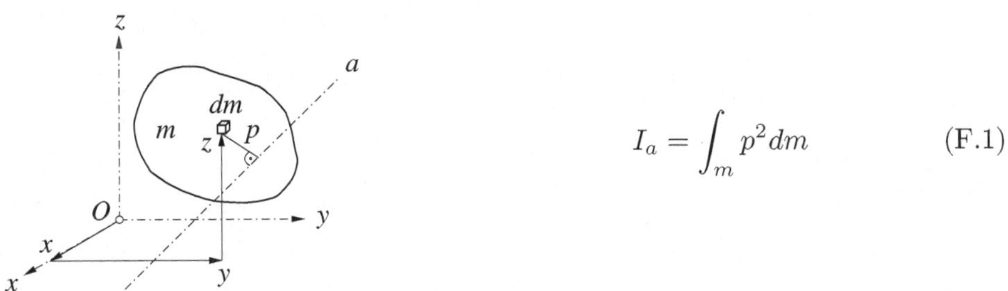

$$I_a = \int_m p^2 \, dm \qquad \text{(F.1)}$$

Axiale Trägheitsmomente bezüglich der Koordinatenachsen:

$$I_x = \int_m (y^2 + z^2)\, dm,$$

$$I_y = \int_m (z^2 + x^2)\, dm,$$

$$I_z = \int_m (x^2 + y^2)\, dm \qquad \text{(F.2)}$$

Für den jeweils zugehörigen Trägheitsradius i_j gilt:

$$I_a = m i_a^2, \qquad I_x = m i_x^2, \quad \text{usw.} \qquad \text{(F.3)}$$

Deviationsmomente eines Körpers bezüglich der Koordinatenebenen:

$$I_{xy} = I_{yx} = \int_m xy\, dm,$$

$$I_{yz} = I_{zy} = \int_m yz\, dm,$$

$$I_{zx} = I_{xz} = \int_m xz\, dm \qquad \text{(F.4)}$$

Trägheitstensor bezüglich des Punktes O (Komponenten auf das x-y-z-System bezogen):

$$\underline{I}_O = \begin{bmatrix} I_x & -I_{xy} & -I_{xz} \\ -I_{xy} & I_y & -I_{yz} \\ -I_{xz} & -I_{yz} & I_z \end{bmatrix} \qquad \text{(F.5)}$$

Steinerscher Satz für Achsen, die parallel zu Koordinatenachsen durch den Massenmittelpunkt M sind:

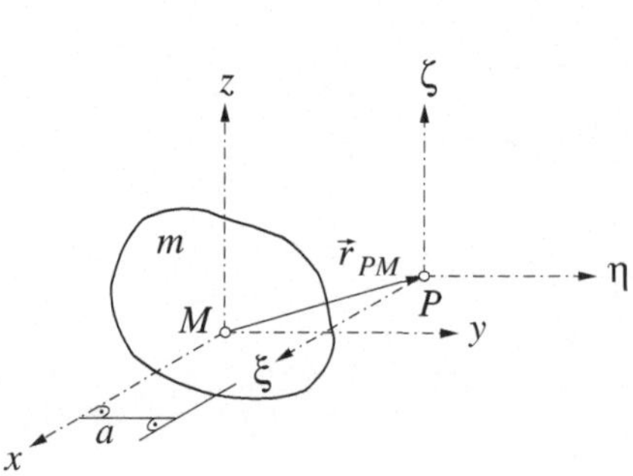

$$\underline{r}_{PM} = \begin{bmatrix} x_P \\ y_P \\ z_P \end{bmatrix},$$

$$I_\xi = I_{Mx} + a^2 m$$

$$= I_{Mx} + (y_P^2 + z_P^2)\, m$$

usw.

$$I_{\xi\eta} = I_{Mxy} + x_P y_P\, m \qquad \text{(F.6)}$$

usw.

Trägheitsmomente spezieller homogener Körper der Masse m

Vollzylinder:

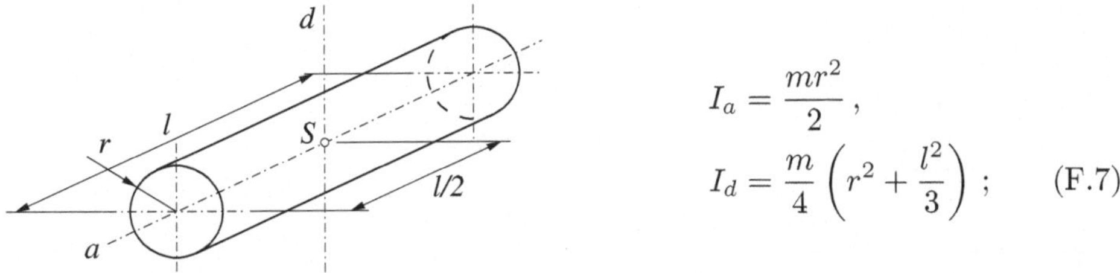

$$I_a = \frac{mr^2}{2}\,,$$

$$I_d = \frac{m}{4}\left(r^2 + \frac{l^2}{3}\right)\,; \qquad \text{(F.7)}$$

daraus speziell:

$r \to 0\ldots$ dünner Stab:

$$I_d = \frac{ml^2}{12} \qquad\qquad \text{(F.8)}$$

$l \to 0\ldots$ dünne Kreisscheibe:

$$I_a = \frac{mr^2}{2}\,, \qquad I_d = \frac{mr^2}{4} \qquad\qquad \text{(F.9)}$$

Dünnwandiges Rohr mit Radius r, Länge l:

$$I_a = mr^2\,, \qquad I_d = \frac{m}{2}\left(r^2 + \frac{l^2}{6}\right)\,; \qquad \text{(F.10)}$$

daraus speziell: $l \to 0\ldots$ dünner Kreisring:

$$I_a = mr^2\,, \qquad I_d = \frac{mr^2}{2} \qquad\qquad \text{(F.11)}$$

Vollkugel mit Radius r:

$$I = \frac{2}{5}mr^2 \qquad \text{für jede Achse durch den Mittelpunkt} \qquad \text{(F.12)}$$

Quader:

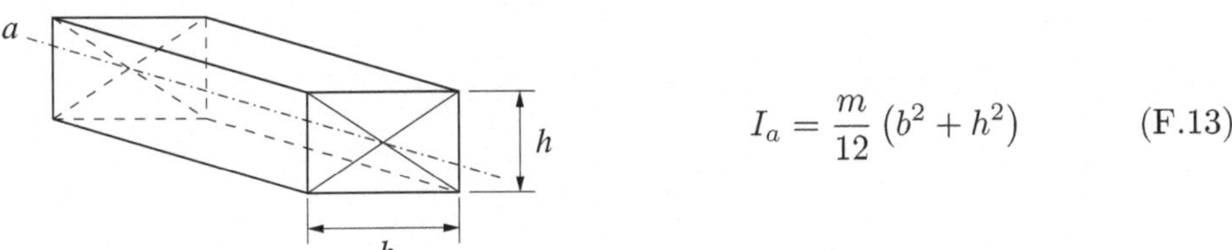

$$I_a = \frac{m}{12}\left(b^2 + h^2\right) \qquad\qquad \text{(F.13)}$$

Flächenträgheitsmomente und -deviationsmomente

Trägheitsmomente:

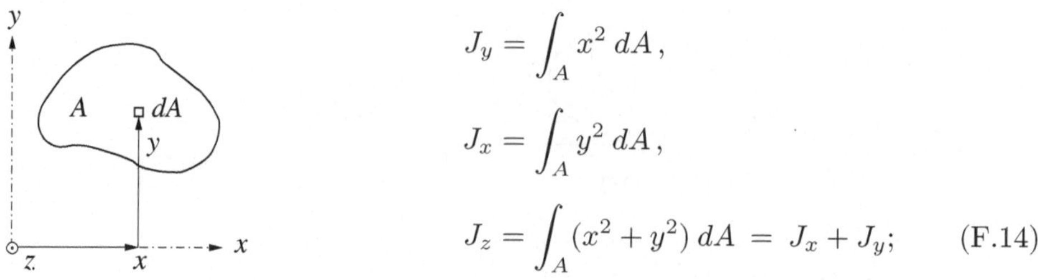

$$J_y = \int_A x^2 \, dA \,,$$

$$J_x = \int_A y^2 \, dA \,,$$

$$J_z = \int_A (x^2 + y^2) \, dA \;=\; J_x + J_y; \qquad \text{(F.14)}$$

J_z wird auch als **polares Flächenträgheitsmoment**, J_p, bezeichnet.

Deviationsmomente:

$$J_{xy} = \int_A xy \, dA, \qquad J_{zx} = 0, \qquad J_{zy} = 0 \qquad\qquad \text{(F.15)}$$

Zugehörige Trägheitsradien i_j:

$$J_x = i_x^2 A, \qquad J_y = i_y^2 A, \qquad J_z = i_z^2 A \qquad\qquad \text{(F.16)}$$

Steinerscher Satz für Achsen, die parallel zu Koordinatenachsen durch den Flächenschwerpunkt S sind:

$$J_\xi = J_{Sx} + y_P^2 \, A \,,$$

$$J_\eta = J_{Sy} + x_P^2 \, A \,,$$

$$J_\zeta = J_{Sz} + (x_P^2 + y_P^2) \, A \,,$$

$$J_{\xi\eta} = J_{Sxy} + x_P y_P \, A \qquad\qquad \text{(F.17)}$$

Trägheitsmomente spezieller Flächen

Kreis:

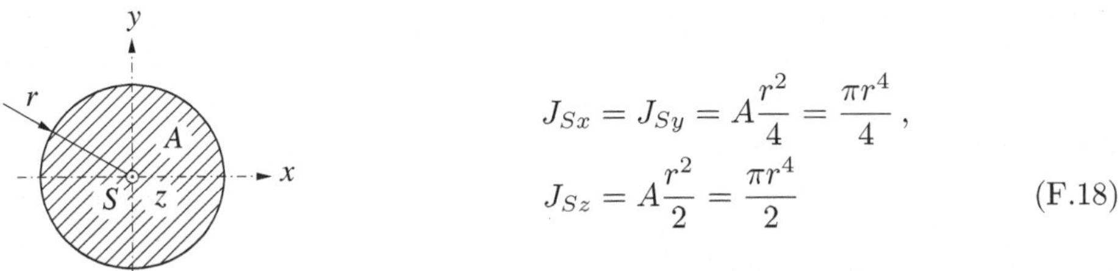

$$J_{Sx} = J_{Sy} = A\frac{r^2}{4} = \frac{\pi r^4}{4}\,,$$

$$J_{Sz} = A\frac{r^2}{2} = \frac{\pi r^4}{2} \qquad\text{(F.18)}$$

Rechteck:

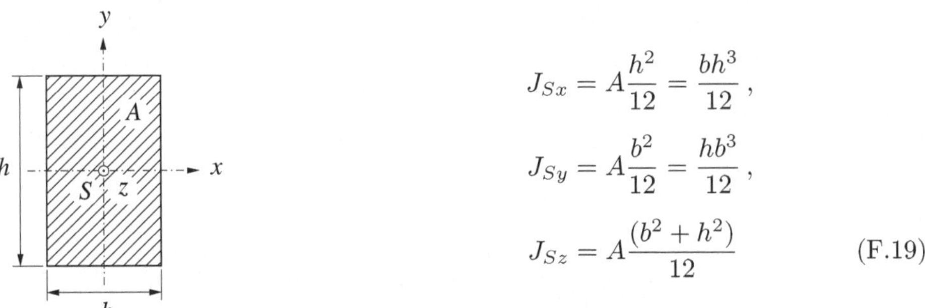

$$J_{Sx} = A\frac{h^2}{12} = \frac{bh^3}{12}\,,$$

$$J_{Sy} = A\frac{b^2}{12} = \frac{hb^3}{12}\,,$$

$$J_{Sz} = A\frac{(b^2 + h^2)}{12} \qquad\text{(F.19)}$$

Regelmäßiges n-Eck, $n \geq 3$, für beliebige zueinander orthogonale Achsen durch S:

$$J_{Sx} = J_{Sy} = \frac{1}{2}J_{Sz} \qquad\text{(F.20)}$$

Widerstandsmomente

Zum Ermitteln der extremalen Normalspannungen zufolge eines Biegemoments um die y-Achse (siehe Gl. (I.2)) können die Widerstandsmomente W_{y1}, W_{y2} verwendet werden. Diese bestimmen sich mit dem Flächenträgheitsmoment J_y und den Randfaserabständen e_1, e_2 (für technisch relevante Querschnitte sind diese Werte in den Bauteiltabellen angegeben) zu:

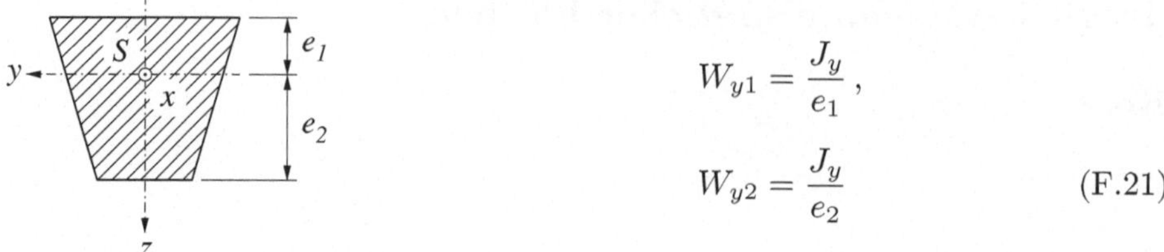

$$W_{y1} = \frac{J_y}{e_1} \,,$$

$$W_{y2} = \frac{J_y}{e_2} \qquad \text{(F.21)}$$

Analoges gilt für die Widerstandsmomente bezüglich der z-Achse.

G. Hookesches Gesetz

Das verallgemeinerte Hookesche Gesetz (unter Einschluß von Wärmedehnungen) lautet (Wärmedehnungskoeffizient α, Temperaturdifferenz $\Delta T = T - T_0$ gegen Ausgangszustand)

$$\varepsilon_x = \frac{1}{E}\left[\sigma_x - \nu\left(\sigma_y + \sigma_z\right)\right] + \alpha\Delta T \,,$$

$$\varepsilon_y = \frac{1}{E}\left[\sigma_y - \nu\left(\sigma_z + \sigma_x\right)\right] + \alpha\Delta T \,,$$

$$\varepsilon_z = \frac{1}{E}\left[\sigma_z - \nu\left(\sigma_x + \sigma_y\right)\right] + \alpha\Delta T \,; \qquad \text{(G.1)}$$

$$2\varepsilon_{xy} = \frac{\sigma_{xy}}{G} \,,$$

$$2\varepsilon_{yz} = \frac{\sigma_{yz}}{G} \,,$$

$$2\varepsilon_{zx} = \frac{\sigma_{zx}}{G} \,. \qquad \text{(G.2)}$$

Zusammenhang zwischen Elastizitätsmodul E, Schubmodul (Gleitmodul) G und Querdehnungszahl ν:

$$G = \frac{E}{2(1+\nu)} \qquad \text{(G.3)}$$

H. Zugstab

Zugstab (Querschnittsfläche A) unter Normalkraft N und einer Temperaturdifferenz $\Delta T = T - T_0$ gegen den Ausgangszustand (Wärmedehnungskoeffizient α):

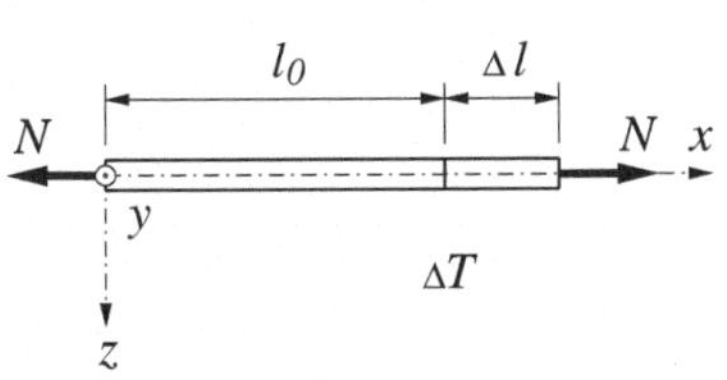

Zugspannung:

$$\sigma_x = \frac{N}{A} \tag{H.1}$$

Längsdehnung

(Gleichmaßdehnung für den gesamten Stab):

$$\varepsilon_x = \frac{\Delta l}{l_0} = \frac{N}{EA} + \alpha \Delta T \tag{H.2}$$

I. Biegeträger

Normalspannung σ_x über den Querschnitt

Zufolge der Biegemomente $M_y(x)$ und $M_z(x)$ und der Normalkraft $N(x)$ (y, z sind Trägheitshauptachsen bezüglich des Schwerpunkts S des Querschnitts) ist die Normalspannung im Querschnitt:

$$\sigma_x(x,y,z) = \frac{M_y(x)}{J_y(x)} \cdot z - \frac{M_z(x)}{J_z(x)} \cdot y + \frac{N(x)}{A(x)} \tag{I.1}$$

Maximale Randspannungen bei Biegung in der x-z-Ebene ohne Normalkraft:

$$\sigma_{xi}(x) = \frac{M_y(x)}{J_y(x)} \cdot z_{iRand} = \frac{M_y(x)}{W_{yi}(x)} \cdot \mathrm{sign}(z_{iRand}) \tag{I.2}$$

$W_{yi}(x) \ldots$ Widerstandsmomente des Querschnitts, siehe Gln. (F.21)

Differentialgleichung der Biegelinie

Biegung ohne Temperatureinfluß

$$\frac{d^2v}{dx^2} = \frac{M_z(x)}{EJ_z(x)} \tag{I.3}$$

$$\frac{d^2w}{dx^2} = -\frac{M_y(x)}{EJ_y(x)} \tag{I.4}$$

$v(x)\ldots$ Durchbiegung in y-Richtung

$w(x)\ldots$ Durchbiegung in z-Richtung

$J_y, J_z\ldots$ Flächenträgheitsmomente des Querschnitts an der Stelle x bezüglich der durch den Flächenschwerpunkt gelegten Trägheitshauptachsen, die mit den y-z-Achsenrichtungen zusammenfallen

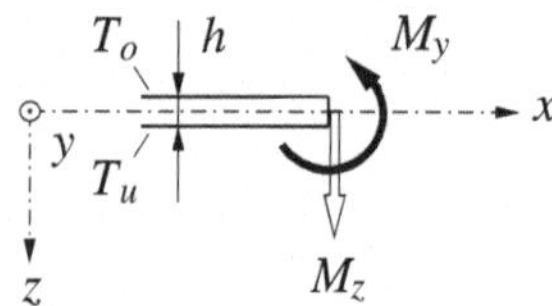

Biegung mit zusätzlichem Temperatureinfluß (in der x-z-Ebene)

$$\frac{d^2w}{dx^2} = -\frac{M_y(x)}{EJ_y(x)} - \alpha\theta(x)\,, \tag{I.5}$$

$$\theta(x) = \frac{T_u - T_o}{h} \ldots \text{Temperaturmoment bei linearer} \tag{I.6}$$
Temperaturverteilung über den Querschnitt

Verfahren von Mohr zum Bestimmen der Durchbiegung (Biegung in der x-z-Ebene)

Auf den Ersatzträger wird die fiktive Belastung $\bar{q}(x)$ aufgebracht:

$$\bar{q}(x) = \frac{(EJ_y)_0}{EJ_y(x)} \cdot M_y(x) + (EJ_y)_0\alpha\theta(x) \tag{I.7}$$

$M_y(x)\ldots$ Biegemoment im Originalträger

$\theta(x)\ldots$ Temperaturmoment im Originalträger

$EJ_y(x)\ldots$ Biegesteifigkeit des Originalträgers

$(EJ_y)_0\ldots$ beliebige Bezugssteifigkeit

Zuordnung zwischen den Auflagerungen der Träger: (I.8)

Mit dem über die Gleichgewichtsbedingungen für den Ersatzträger ermittelten fiktiven Biegemoment $\bar{M}_y(x)$ bzw. der fiktiven Querkraft $\bar{Q}_z(x)$ gilt für die Durchbiegung $w(x)$ bzw. Neigung $dw(x)/dx$ des Originalträgers:

$$w(x) = \frac{\bar{M}_y(x)}{(EJ_y)_0}, \qquad \frac{dw(x)}{dx} = \frac{\bar{Q}_z(x)}{(EJ_y)_0} \qquad (I.9)$$

Durchbiegung ausgewählter Träger

Konstante Biegesteifigkeit EJ_y; Gleichlast q und Einzellast F

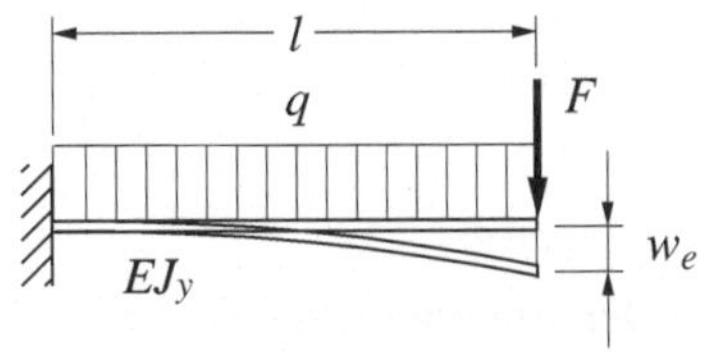

$$w_e = \frac{Fl^3}{3EJ_y} + \frac{ql^4}{8EJ_y} \qquad (I.10)$$

$$w_e' = \frac{Fl^2}{2EJ_y} + \frac{ql^3}{6EJ_y} \qquad (I.11)$$

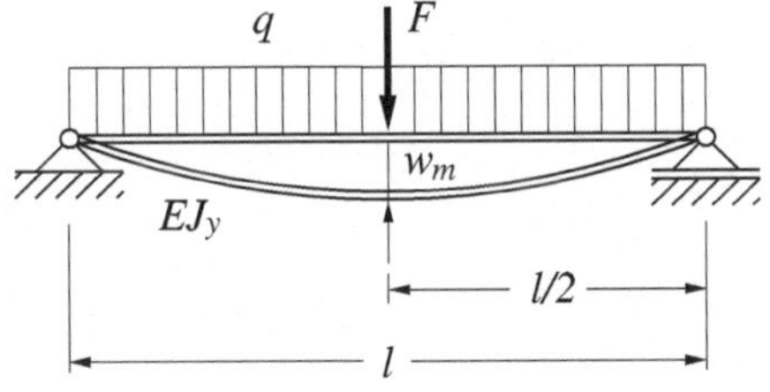

$$w_m = \frac{Fl^3}{48EJ_y} + \frac{5ql^4}{384EJ_y} \qquad (I.12)$$

$$w_m' = 0 \qquad (I.13)$$

J. Torsionsstab mit Kreis- oder Kreisringquerschnitt

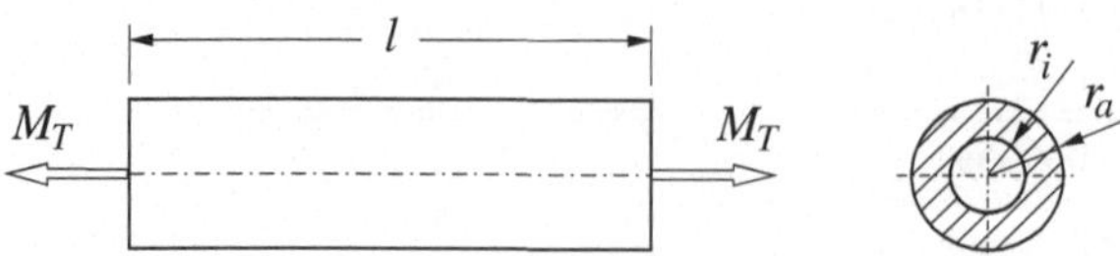

Relativer Verdrehwinkel ψ der Endquerschnitte:

$$\psi = \frac{M_T l}{G J_p} \quad \text{mit} \quad J_p = \pi \frac{r_a^4 - r_i^4}{2} \tag{J.1}$$

Schubspannungsverteilung über den Querschnitt:

$$\tau(r) = \frac{M_T}{J_p} r \quad \text{für} \quad r_i \leq r \leq r_a \tag{J.2}$$

K. Federn mit linearen Kennlinien

Zug-, Druckfeder:

$$F = c \cdot s \tag{K.1}$$

$c \ldots$ Federkonstante

$l_0 \ldots$ Länge der ungedehnten Feder

Drehfeder (Torsionsfeder):

$$M_T = c_T \cdot \psi \tag{K.2}$$

$M_T \ldots$ Drehmoment

$c_T \ldots$ Drehfederkonstante

$\psi \ldots$ relativer Verdrehwinkel gegen die entspannte Lage

SpringerTechnik

Herbert Mang, Günter Hofstetter

Festigkeitslehre

Mit einem Beitrag von Josef Eberhardsteiner.
Zweite, aktualisierte Auflage.
2004. XIV, 488 Seiten. 232 Abbildungen.
Gebunden **EUR 49,80**, sFr 85,–
ISBN 3-211-21208-6

Das Buch enthält eine umfassende Einführung in die traditionell als Festigkeitslehre bezeichnete Fachdisziplin „Technische Mechanik deformierbarer fester Körper". Im Anschluss an wesentliche mathematische Grundlagen dieses Fachgebietes werden folgende Themen behandelt:
• Grundlagen der Elastizitätstheorie
• Prinzipien der virtuellen Arbeiten
• Energieprinzipien
• die lineare Stabtheorie
• Stabilitätsprobleme
• Anstrengungshypothesen
• anelastisches Werkstoffverhalten sowie elasto-plastisches Materialverhalten bei Stäben
• Grundlagen der Plastizitätstheorie einschließlich der Traglastsätze
• Näherungslösungen (Methode der finiten Elemente)
• experimentelle Methoden

Anhand zahlreicher, vollständig ausgearbeiteter Beispiele wird die Leistungsfähigkeit analytischer, numerischer und experimenteller Methoden der Festigkeitslehre zur Lösung bedeutender technischer Aufgaben demonstriert.

Besuchen Sie auch unsere Website: **springer.at**

P.O. Box 89, Sachsenplatz 4–6, 1201 Wien, Österreich, Fax +43.1.330 24 26, books@springer.at, **springer.at**
Haberstraße 7, 69126 Heidelberg, Deutschland, Fax +49.6221.345-4229, SDC-bookorder@springer.com, springer.com
P.O. Box 2485, Secaucus, NJ 07096-2485, USA, Fax +1.201.348-4505, service@springer-ny.com, springer.com
Preisänderungen und Irrtümer vorbehalten.